中德机械与能源工程人才培养创新教材

数学建模
典型应用案例及理论分析

王 海 主编

上海科学技术出版社

图书在版编目(CIP)数据

数学建模典型应用案例及理论分析 /王海主编. —
上海:上海科学技术出版社,2020.1(2021.6重印)
中德机械与能源工程人才培养创新教材
ISBN 978-7-5478-4701-5

Ⅰ. ①数… Ⅱ. ①王… Ⅲ. ①数学模型-教学研究-
高等学校 Ⅳ. ①O141.4

中国版本图书馆 CIP 数据核字(2019)第 272095 号

数学建模典型应用案例及理论分析
王　海　主编

上海世纪出版(集团)有限公司
上海 科 学 技 术 出 版 社　　出版、发行
(上海钦州南路 71 号　邮政编码 200235　www.sstp.cn)
当纳利(上海)信息技术有限公司印刷
开本　787×1092　1/16　印张 11.5
字数　250 千字
2020 年 1 月第 1 版　2021 年 6 月第 3 次印刷
ISBN 978-7-5478-4701-5/O·79
定价:49.00 元

本书如有缺页、错装或坏损等严重质量问题,请向工厂联系调换

S *ynopsis*

内容提要

　　本书在参考国内同类数学建模教材和机械、能源类相关建模科研文献的基础上,就数学建模基本理论进行了整理和适当简化,按照不同专业划分为工程案例之机械动力篇、传热通风篇、燃气供应篇、能源动力篇和工业工程篇等主要部分,将建模基础理论与相关专业具体案例相结合,通过将一些实用性强、数学推导简化、生活气息浓厚的案例进行改写、合并和调整,向读者详细展示了从问题的提出与分析、模型建立到模型求解、案例总结等方面完整解决具体案例的过程。

　　本书可供高等院校机械、能源等工科类专业本科生在学习数学建模课程的同时,了解、学习本学科的专业知识,也可供工程技术人员和社会读者阅读参考。

丛书序

在教育部和同济大学的支持下,同济大学人才培养模式创新实验区已经走过 10 个春秋。中德机械与能源工程人才培养模式创新实验区(简称莱茵书院)作为其中一员,自 2014 年开办以来,以对接研究生培养为主要目标,依托同济大学对德合作平台,探索并实践了双外语、宽口径、厚基础和学科交叉融合的人才培养模式,在学校和家长中得到了积极的响应。

本丛书是莱茵书院办学至今的部分成果汇报,主要包括两个部分:

一部分是根据机械、能源学科对于人才的要求,借鉴德国数学类课程体系,形成数学基本理论在学科内应用的案例教学,为研究生阶段学习奠定扎实基础。教材《常微分方程典型应用案例及理论分析》《数学建模典型应用案例及理论分析》《数理方程典型应用案例及理论分析》《数值分析典型应用案例及理论分析(上、下册)》中,编委们以高等院校工科学生的培养目标为准绳,以实际工程案例为切入点,进行数理知识点的分析与重构,提高工科学生的专业学习能力与分析问题、解决问题的能力。

另一部分是中德双语特色教学课程——机械原理的成果,该案例借鉴了德国亚琛工业大学、德累斯顿工业大学等优秀综合性大学的"机构学"教学经验和案例,结合了国内机械类专业本科生教学目标和知识点指标。《典型机构技术指南——认识—分析—设计—应用》是学生机构分析的案例汇编,该指南以加深学生理论基础、提升学生知识运用能力为目标,倾注了任课教师和莱茵书院学生的大量心血。

本丛书虽然是莱茵书院教学成果,亦可用作在校机械或能源类本科生和研究生辅导教材,或供相关专业在职人员参考。

在丛书出版之际,我代表莱茵书院工作组,对同济大学及其本科生院领导的支持表示诚挚感谢。在莱茵书院创办过程中,同济大学公共英语系教学团队为莱茵书院打造了特色课程体系,中德学院和留德预备部教学团队为莱茵书院的教学和学生培养提供了有力的支撑,在此也表示衷心感谢。感谢同济大学机械与能源工程学院的支持。特别感谢莱茵书院工作组成员,大家克服困难,创建了莱茵书院,其中的彷徨、汗水和泪水最终与喜悦的成果汇合,回报了大家的初心。感谢丛书的编写者,是你们的支持保证了莱茵书院的正常教学,也推进了莱茵书院的教学实践。

尽管本丛书编写力求科学和实用,但是由于时间仓促,难免有不尽如人意之处,还望读者批评指正。

李峥嵘　教授

同济大学

2019 年 1 月于上海

F oreword

前 言

半个多世纪以来,随着科技发展和教育进步,数学这门基础学科不仅在工程技术等传统应用领域大放异彩,而且迅速向一些新兴领域渗透。在用数学方法解决现实生活中碰到的问题,或者与其他学科相结合的过程中,关键的一步在于使用数学语言描述所研究的对象,也就是数学模型的建立过程。在此基础上,运用数学理论方法进行分析、计算,并通过计算机技术为解决实际问题提供定量的结果或者定性的数量依据。

越来越多的高校开始重视对学生数学建模能力的培养,自 20 世纪 80 年代以来,课程建设发展迅猛。实践表明,综合运用数学知识、理论和方法解决实际问题,是当代大学生必不可少的技能,是培养具有竞争力、可持续发展高素质人才不可或缺的手段。与此同时,基于项目和具体案例的教学培养方式也在欧美国家开始推行,并对我国的教育模式产生了一定的影响。此种培养模式要求学生有目的性地完成项目工作,并获得一定成果产出,从而大大激励了学生对基础知识学习的积极性。伴随教学模式的改变,教学工作者的理念与能力也要相应发展,从传统的灌输知识模式向促进学生自我规划、自我促进能力模式转变,同时教学者则须掌握更多的工程经验。

本书作为同济大学"一拔尖,三卓越"特色项目——以"莱茵书院"为载体的厚基础、跨学科、宽口径培养模式深化研究项目的课程建设内容,旨在将数学建模基本理论与工程应用相结合,建立一套适用于机械、能源等工科类专业本科生学习、讨论的教材。相比国内同类教材,本书有以下特点:一是内容精练,论述严谨,实用性和针对性强。本书内容针对机械和能源等工科专业,展现各自独立而又丰富完整的工程案例,通过课堂教学与交流,使学生充分了解数学建模这门应用数学课程在解决工程实际问题时的作用;二是注重解决实际问题建模的方法,同时书中尽量避免抽象和烦琐的数学推导,而是用直观和浅显的方式讲解数学建模的思想,对学生科学思维方式和创造能力的培养有一定的指导价值;三是教材结构按照典型应用案例的方式展开,适合课堂教学,每一章节有相对的独立性,教师可从中选择部分内容进行讲解。本书还可供教学、科研工作者查阅相关内容参考。

本书由王海主编,王天天、杨光参编。

由于编者非数学系专业出身,水平有限,书中内容的选取、结构和案例的选取及分析方面难免有遗漏和不当之处,恳请同行专家、使用本教材的师生以及其他读者提出宝贵意见,以便我们做进一步的改进。

编　者

C
ontents

目 录

第1章 数学模型概论 ……………………………………………… 1

1.1 数学模型概念 ………………………………………………… 3

1.2 数学模型分类 ………………………………………………… 4

1.3 建模方法和步骤 ……………………………………………… 5

1.4 数学模型实例 ………………………………………………… 7

1.5 数学建模竞赛简介 …………………………………………… 15

第2章 工程案例之机械动力篇 …………………………………… 19

2.1 单指标优选模型在机器人避障中的应用 …………………… 21

2.2 神经网络控制在工业机械臂的应用 ………………………… 38

2.3 微机械陀螺温度特性及其补偿算法研究 …………………… 41

第3章 工程案例之传热通风篇 …………………………………… 47

3.1 双层玻璃窗传热问题研究 …………………………………… 49

3.2 房屋隔热经济效益问题研究 ………………………………… 51

3.3 改进遗传算法在变风量系统中的应用 ……………………… 56

3.4 基于交互式集成优化框架的建筑环境优化 ………………… 65

3.5 空调热舒适度预测及控制算法研究 ………………………… 72

第4章 工程案例之燃气供应篇 …………………………………… 79

4.1 遗传算法在城市燃气管网优化中的应用 …………………… 81

4.2 短期天然气负荷预测问题研究 ……………………………… 90

第5章 工程案例之能源动力篇 …………………………………… 97

5.1 基于混合算法的压力传感器温度补偿研究 ………………… 99

5.2 基于粒子群算法的新能源集群多目标无功优化策略研究 …… 104

5.3 基于协同进化蚁群算法的含光伏发电的配电网重构 ················ 112

5.4 双层双阶段分布式能源系统调度优化 ················ 121

5.5 基于知识迁移 Q 学习算法的多能源系统联合优化调度 ················ 133

第 6 章 工程案例之工业工程篇 ················ 145

6.1 基于遗传算法的自动化集装箱码头多载 AGV 调度 ················ 147

6.2 机场航班流量优化调度 ················ 154

6.3 蚁群算法求解混合流水车间分批调度 ················ 162

参考文献 ················ 172

第 1 章

数学模型概论

近半个多世纪以来,随着计算机技术的迅速发展,数学的应用不仅在工程技术、自然科学等领域发挥着越来越重要的作用,而且以空前的广度和深度向经济、金融、生物、医学、环境、地址、人口、交通等新的领域不断渗透,数学技术已经成为当代高新技术的重要组成部分。不论是用数学方法在科技和生产领域解决实际问题,还是与其他学科相结合形成交叉学科,首要的和关键的一步是建立研究对象的数学模型,并加以计算求解。在知识经济时代数学建模和计算机技术是必不可少的技术手段。

人类生活在丰富多彩、变化万千的现实世界里,无时无刻不在运用智慧和力量去认识、利用、改造这个世界,从而不断地创造出日新月异的物质文明和精神文明。工业博览会上,豪华舒适的新型汽车令人赞叹不已;科技展览厅里,大型水电站模型雄伟壮观,人造卫星模型高高耸立,清晰的数字和图表显示着电力工业的迅速发展;电影演播厅里,播放着现代化炼钢厂实现生产自动控制的科技影片,其中既有火花四溅的钢坯浇铸情景,也有展示计算机管理和控制的框图、公式和程序。

数学是研究现实与抽象世界中数量关系和空间形式的科学,在它产生和发展的历史长河中,一直是与各种各样的应用问题紧密相关。数学的特点不仅在于概念的抽象性、逻辑的严密性、结论的明确性和体系的完整性,而且更在于它应用的广泛性。20 世纪以来,随着科学技术的迅速发展和计算机的日益普及,人们对解决各种问题的要求及精确度的提高,使数学的应用越来越广泛和深入,特别是在进入 21 世纪的知识经济时代,数学科学的地位发生了巨大的变化,它已经从经济和科技的后备走到了前沿。经济发展的全球化、计算机的迅猛发展、理论与方法的不断扩充使得数学已经成为当今高科技的一个重要组成部分,数学已经成为一种能够普遍实施的技术。

在一般的工程技术领域,数学建模大有用武之地。在以声、光、热、力、电这些物理学科为基础的诸如机械、电机、能动、土木等工程技术领域中,数学建模的普遍性和重要性不言而喻。虽然这里的基本模型已经存在,但是由于新技术、新工艺的不断涌现,提出了许多需要用数学方法解决的问题;高速、大型计算机的飞速发展,使得过去即使有了数学模型也无法求解的课题(如中长期天气预报)迎刃而解;建立在数学模型和计算机模拟基础上的 CAD 技术,以其快速、经济、方便等优势,很大程度上代替了传统工程设计中的现场实验、物理模拟等手段。今天,在国民经济和社会活动的诸多方面,数学建模都有着非常具体的应用,如分析与设计、预报与决策、控制与优化、规划与管理等。

本章作为全书的导言和数学模型的概述,主要讨论数学模型的概念、分类、建模的方法和步骤、模型实例和数学建模竞赛简介,给读者以建立数学模型的全面的、初步的了解。

1.1　数学模型概念

数学模型(mathematical model)这个词已为越来越多的人所熟悉,那么什么是数学模型呢? 关于这一概念各种说法大同小异,一般来说,数学模型可以描述为:对于现实世界的一个特定对象,为了一个特定目标,根据特有的内在规律,做出一些必要的简化假设,运用适当的数学工具,得到的一个数学结构。

特定对象是指所要研究或解决的实际问题。"特定对象"表明了数学模型的应用性,即它是为解决某个实际问题而提出的。

特定目标是指所研究或解决实际问题的某些特征。"特定目标"表明了数学模型的功能性,即当研究一个特定对象时,我们不能同时研究它的一切特征,而只能研究当时我们所关心的某些特征。

根据特有的内在规律做出一些必要的简化假设,是指从事物的现象中,根据特定的目标将那些最本质的东西提炼出来。而为了提炼最本质的东西,就必须做出一些必要的简化假设,对非本质的东西进行简化。"根据特有的内在规律,做出一些必要的简化假设"表明了数学模型的抽象性。

1.2　数学模型分类

总结数学模型的分类对于初学者而言是非常重要的。虽然数学模型多种多样,但是其中有着内在的相似之处。经常总结经验有助于初学者尽快掌握各类模型,适应不同的数学建模问题。

数学模型可以按照不同方式来分类。比如,按照模型的应用领域可以分为数量经济模型、医学模型、地质模型、社会模型等;更具体的有人口模型、交通模型、生态模型等;按照建立模型的数学方法可以分为几何模型、微分方程模型、图论模型等。数学建模的初衷是洞察源于数学之外的事物或系统;通过选择数学系统,建立原系统各部分与描述其行为的数学部分之间的对应,达到发现事物运行的基本过程的目的。因此,人们通常也用如下的方法分类:

(1) 观察模型与决策模型。基于对问题状态的观察、研究,所提出的数学模型可能有几种不同的数学结构。例如,决策模型是针对一些特定目标而设计的。典型的情况是:某个实际问题需要做出某种决策或采取某种行动以达到某种目的。决策模型常常是为了使技术的发展达到顶峰而设计的,它包括算法和由计算机完成的特定问题解的模拟。如一般的马尔可夫链模型是观察模型,而动态规划模型是决策模型。

(2) 确定性模型和随机性模型。确定性模型建立在如下假设的基础上:即如果在时间的某个瞬间或整个过程的某个时段有充分的确定信息,则系统的特征就能准确地预测,如 2016 年全国大学生数学建模竞赛的系泊系统设计问题。确定性模型常常用于物理和工程之中,微分方程模型就是常见的确定性模型。随机性模型是在概率意义上描述系统的行为,它广泛应用于社会科学和生命科学中出现的问题,如 2009 年全国大学生数学建模竞赛的眼科病床的合理安排问题。

(3) 连续模型和离散模型。有些问题可用连续变量描述,比如 2014 年全国大学生数学建模竞赛的"嫦娥三号"软着陆轨道设计与控制策略;有些问题适合离散量描述,比如

2013 年全国大学生数学建模竞赛的碎纸片拼接复原问题。有些问题由连续性变量描述更接近实际,但也允许离散化处理。

(4) 解析模型和仿真模型。建立的数学模型可直接用解析式表示,结果可能是特定问题的解析解。或得到的算法是解析形式的,通常可以认为是解析模型,如 2014 年全国大学生数学建模竞赛的创意折叠桌椅问题。而实际问题的复杂性经常使目前的解析法满足不了实际问题的要求或无法直接求解。因此,很多实际问题需要进行仿真,如 2015 年全国大学生数学建模竞赛的太阳影子定位问题。仿真模型可以对原问题进行直接或间接的仿真。

1.3　建模方法和步骤

在现实生活工作中所面临的问题纷繁复杂,如果需要借助数学模型来求解,往往不可能孤立地使用一种方法。需要根据对研究对象的了解程度和建模目的来决定采用什么数学工具。一般来说,建模的方法可以分为机理分析法、数据分析法和类比仿真法等。

机理分析是根据对现实对象特征的认识,分析其因果关系,找出反映内部机理的规律。用这种方法建立起来的模型,常有明确的物理或现实意义。各个“量”之间的关系可以用几个函数、几个方程(或不等式)乃至一张图等数学工具明确地表示出来。在内部机理无法直接寻求时,可以尝试采用数据分析的方法。首先测量系统的输入输出数据,并以此为基础运用统计分析方法,按照事先确定的准则在某一类模型中选出一个与数据拟合得最好的模型。这种方法也可称为系统辨识。有时还要将这两种方法结合起来运用,即用机理分析建立模型的结构,用系统辨识来确定模型的参数。类比则是在两类不同的事物之间进行对比,找出若干相同或相似之处,推测在其他方面也可能存在相同或相似之处的一种思维模式。这样便可借用其他一些已有的模型,推测现实问题应该或可能的模型结构。仿真(也称为模拟)是以类比为逻辑基础,用计算机模仿实际系统的运行过程。在整个运行时间内,对系统状态的变化进行观察和统计,从而得到系统基本性能的估计或认识。但是,仿真法一般不能得到解析的结果。

建立数学模型没有固定的模式,通常它与实际问题的性质、建模的目的等有关。当然,建模的过程也有其共性,一般来说大致可以分为以下几个步骤:

(1) 形成问题。要建立现实问题的数学模型,首先要对所要解决的问题有一个十分明确的提法。只有明确问题的背景,尽量清楚对象的特征,掌握有关的数据,确切地了解建立数学模型要达到的目的,才能形成一个比较明晰的“问题”。

(2) 假设和简化。根据对象的特征和建模的目的,对问题进行必要的、合理的假设和简化。如前所述,现实问题通常是纷繁复杂的,必须紧抓本质的因素(起支配作用的因素)。忽略次要的因素。此外,一个现实问题不经过假设和化简,很难归结成数学问题。因此,有必要对现实问题做一些简化,有时甚至是理想化的简化假设。

(3) 模型构建。根据所做的假设,分析对象的因果关系,用适当的数学语言刻画对象的内在规律,构建现实问题中各个变量之间的数学结构,得到相应的数学模型。这里,有一个应遵循的原则。即尽量采用简单的数学工具。

（4）检验和评价。数学模型能否反映原来的现实问题,必须经受多种途径的检验。这里包括数学结构的正确性,即没有逻辑上自相矛盾的地方;适合求解,即是否会有多解或无解的情况出现;数学方法的可行性,迭代方法收敛性以及算法的复杂性等。而最重要和最困难的问题是检验模型是否真正反映原来的现实问题。模型必须反映实际,但又不等同于现实;模型必须简化,但过分的简化则使模型远离现实,无法解决现实问题。因此,检验模型的合理性和适用性,对于建模的成败非常重要。评价模型的根本标准是看它能否准确地解决现实问题,此外,是否容易求解也是评价模型的一个重要标准。

（5）模型的改进。模型在不断的检验过程中进行修正,逐步趋向完善,这是建模必须遵循的重要规律。一旦在检验过程中发现问题,人们必须重新审视在建模时所做的假设和简化的合理性,检查是否正确刻画对象内在量之间的相互关系和服从的客观规律。针对发现的问题做出相应的修正。然后,再次重复建模、计算、检验、修改等过程,直到获得某种程度的满意模型为止。

（6）模型的求解。经过检验能比较好地反映现实问题的数学模型,最后通过求解得到数学上的结果;再通过"翻译"回到现实问题,得到相应的结论。模型若能获得解的确切表达式固然最好,但现实中多数场合需依靠计算机数值求解。正是由于计算技术的飞速发展,使得数学建模现在变得越来越重要。

应用数学去解决各类实际问题时,建立数学模型是十分关键的一步,同时也是十分困难的一步。建立数学模型的过程,是把错综复杂的实际问题简化、抽象为合理的数学结构的过程。要通过调查、收集数据资料,观察和研究实际对象的固有特征和内在规律,抓住问题的主要矛盾,建立起反映实际问题的数量关系,然后利用数学的理论和方法去分析和解决问题。这就需要深厚扎实的数学基础,敏锐的洞察力和想象力,对实际问题的浓厚兴趣和广博的知识面。数学建模是联系数学与实际问题的桥梁,是数学在各个领域广泛应用的媒介,是数学科学技术转化的主要途径,数学建模在科学技术发展中的重要作用越来越受到数学界和工程界的重视,它已成为现代科技工作者必备的重要能力之一。

为了适应科学技术发展的需要和培养高质量、高层次科技人才,数学建模已经在大学教育中普遍开展,国内外越来越多的大学正在进行数学建模课程的教学和参加开放性的数学建模竞赛,将数学建模教学和竞赛作为高等院校的教学改革和培养高层次科技人才的一个重要内容。现在许多院校正在将数学建模与教学改革相结合,努力探索更有效的数学建模教学法和培养面向 21 世纪人才的新思路。与我国高校的其他数学类课程相比,数学建模具有难度大、涉及面广、形式灵活、对教师和学生要求高等特点,数学建模的教学本身是一个不断探索、不断创新、不断完善和提高的过程。为了改变过去以教师为中心、以课堂讲授、知识传授为主的传统教学模式,数学建模课程指导思想是以实验室为基础、学生为中心、问题为主线;以培养能力为目标来组织教学工作。通过教学使学生了解利用数学理论和方法分析和解决问题的全过程,提高他们分析问题和解决问题的能力;提高他们学习数学的兴趣和应用数学的意识与能力,使他们在以后的工作中能经常性地使用数学去解决问题,提高他们尽量利用计算机软件及当代高新科技成果的意识,能将数学、计算机有机地结合起来去解决实际问题。数学建模以学生为主,教师利用一些事先设计好的问题启发、引导学生主动查阅文献资料和学习新知识,鼓励学生积极开展讨论和辩论,培养学生主动探索、努力进取的学风,培养学生从事科研工作的初步能力,培养学生团结协作的精神,形成一个生动活泼的环境和气氛。教学过程的重点是创造一个环境去诱导学生的学习欲望,培养他们的自学能力,增强他们的数学素质和创新能力,教学过程强调的是获取新知识的能力,是解决问题的过程,而不是求得某个具体问题的结果。

接受参加数学建模竞赛赛前培训的同学大都需要学习诸如数理统计、最优化、图论、微分方程、计算方法、神经网络、层次分析法、模糊数学,以及数学软件包的使用等"短课程(或讲座)",用的学时不多,多数是启发性地讲一些基本的概念和方法,主要是靠同学们自己去学,充分调动同学们的积极性,充分发挥同学们的潜能。培训中广泛地采用讨论班方式,同学自己报告、讨论、辩论,教师主要起质疑、答疑、辅导的作用,竞赛中一定要使用计算机及相应的软件,如 SPSS、LINGO、Maple、Mathematica、MATLAB 甚至排版软件等。

数学工具是指已有数学各分支的理论和方法,而数学结构是指数学公式、算法、表格、图示等。下面通过四个例子让大家明白什么是数学模型。

1.4　数学模型实例

1.4.1　测量山高

问题

小明站在一个小山上,想要测量这个山的高度。他站在山上,采取了最原始的方法:从小山向下丢一小石子,他于 5 s 后听到了从小山下传来的回音。请各位尝试建立数学模型估计小山丘的高度。

解题思路

数学建模的初学者一看到这个问题也许会认为数学建模并不是一件困难的事情,因为很多学生在高中时就遇到过类似的问题。确实是这样,这是一个比较简单的实际问题(数学建模问题),大家很容易得到如下结果:

$$H = \frac{1}{2}gt^2 = 0.5 \times 9.8 \times 5^2 = 122.5 \text{ m}$$

运用自由落体公式可以计算出山的高度。也许有人会提出疑问:上述运算是数学建模吗? 如果是,这样数学建模不是很简单吗?

是的,可以认为这样的过程就是数学建模。上述建立的模型可以称为最理想的自由落体模型,因为这是在非常理想化状态下建立的模型,它没有考虑任何其他可能影响测量的因素。数学模型就是一个解决实际问题的方法。解决问题即可视为数学建模,解决问题时所用到的数学结构式即为数学模型。但是在此需要说明一点:数学建模问题与其他数学问题不同,数学建模问题的结果本身没有对错之分,但有优劣之分。建立模型解决问题也许不难,但需要所建立的数学模型有效地指导实际工作就比较困难。这正是数学建模的难点所在。下面继续通过这个例子来解释数学模型间的优劣之分。

虽然上述理想的自由落体模型可以计算出山的高度,但计算所得到的结果可能存在较大的误差。122.5 m 这个答案在中学考试中应该是一个标准答案,不会认为这个答案是错误的。但是,专业测量队在测量山高时绝对不会采用上述计算得到的结果。因为它可能存在较大的误差,所以它是不能被接受的。在研究这个问题时请不要忘记:现在我们研究的不再是一个抽象的理论问题而是具体的实际问题。所建立的数学模型或者结果应该能对实际工作有较强的指导意义,应该尽力使求得的答案贴近事实。

那么,在这个问题中还需要考虑哪些因素? 例如人的反应时间,在现实中这是一个需要考虑的因素。通过查找资料,可以知道人的反应时间约为 0.1 s,那么计算式在结果上能够得到改善。

$$H = \frac{1}{2}gt^2 = 0.5 \times 9.8 \times (5-0.1)^2 = 117.649 \text{ m}$$

通过上面的分析可以认为,117.649 m 比 122.5 m 更加接近实际情况。相比理想的自由落体模型,以上的数学建模过程可以称为修正的自由落体模型。就实际测量而言,修正的自由落体模型比理想的自由落体模型更加优秀,因为得到的结果更加接近实际。两种模型得到的答案也可以说都是正确的,两种答案都是基于不同的假设前提而得到。理想的自由落体模型假设不考虑人的反应时间。如果读者作为专业测量队的队长,相信你也会选择修正自由落体模型,因为它得到的答案更加接近实际情况。

在考虑人的反应时间这一因素后,还有没有其他因素需要考虑,例如空气阻力? 如果高达 117.649 m 的山上丢下石子,能不考虑空气阻力吗? 各位有了大学生的思维外,还有了大学生的手段——微积分。通过查阅相关资料,可以发现石头所受空气阻力和速度成正比,阻力系数与质量之比为 0.2。由此又可以建立以下微分方程模型:

$$\left.\begin{array}{l} \frac{\mathrm{d}v}{\mathrm{d}t} = a = g - \frac{f}{m} = g - \frac{k}{m}v \\ v(0) = 0 \end{array}\right\} \tag{1.1}$$

式中　f——空气阻力(N);

　　　k——阻力系数(N·s/m);

　　　m——石头质量(kg)。

解微分方程得

$$v(t) = \frac{(g \times m)}{k}(1 - e^{\frac{-k \times t}{m}})$$

积分得

$$H = \int_0^{4.5} v(t) \mathrm{d}t = 87.05 \text{ m}$$

可以发现,计算结果得到了很大的改善,理想的自由落体模型计算方法得到的山高 122.5 m 的确存在着较大的误差。

如果用心,大家可以做得更好。在实际生活中,回音传播时间是另一个不可忽略的因素。因此在上述模型的基础上引入回音传播时间 t_2,对模型进行如下修改:

$$\left. \begin{array}{l} H = \int_0^{t_1} v(t) \mathrm{d}t = 340 \times t_2 \\ t_1 + t_2 = 4.9 \end{array} \right\} \tag{1.2}$$

解得

$$H = 79.96 \text{ m}$$

在这个例题中,先后呈现了四种不同的解题方法,也可以说四种不同的数学模型。从理想的自由落体数学模型获得的 122.5 m 到考虑人的反应、阻力、回音的数学模型获得的是 79.96 m,可见理想模型的 122.5 m 存在非常大误差,相对误差超过了 50%。

希望大家能够通过这个例子体会到数学模型的真谛:能够解决问题的方法就是数学模型,其本身没有对错之分。以上四种模型计算得到的答案应该说都是正确的,但是却有优劣之分,问题在于思考的角度。它是一种新的思维方法,从上面的例子可以得到。数学模型往往是以下两个方面的权衡:

(1) 数学建模是用以解决实际问题的,所建立的模型不能太理想、太简单,过于理想化的模型往往脱离实际情况,这就违背了建模的目的。

(2) 数学建模必须是以能够求解为前提的,建立的模型一定要能够求出解,所建立的模型不能过于实际,过于实际的模型往往难以求解,因此做适当合理的简化假设是十分重要的。

1.4.2　教室光照

问题

现有一个教室长为 15 m,宽为 12 m,在距离地面高 2.5 m 的位置均匀地安放 4 个光源,假设横向墙壁与光源、光源与光源、光源与纵向墙壁之间的距离相等,各个光源的光照强度均为一个单位。要求:

(1) 如何计算教室内距离地面 1 m 处任意一点处的光照强度?(光源对目标点的光照强度与该光源到目标点距离的平方成反比,与该光源的强度成正比)。

(2) 画出距离地面 1 m 处各个点的光照强度与位置(横纵坐标)之间的函数关系曲面图,同时给出一个近似的函数关系式。

解题思路

假设光源对目标点的光照强度与该光源到目标点距离的平方成反比,并且各个光源符合独立作用与叠加原理。光源在光源点的光照强度为"一个单位",并且空间光反射情况可以忽略不计。

取地面所在的平面为 xOy 平面,x 轴与教室的宽边平行,y 轴与教室的长边平行,坐标原点在地面的中心,如图 1.1 所示。在空间中任意取一点 i,它的坐标可以表示为(x_i,y_i,z_i),那么空间点 i 的光照强度 E_i 应该满足以下公式:

$$E_i = \frac{1}{(x_i-2)^2+(y_i-2.5)^2+(z_i-2.5)^2} + \frac{1}{(x_i-2)^2(y_i+2.5)^2+(z_i-2.5)^2} +$$
$$\frac{1}{(x_i+2)^2+(y_i-2.5)^2+(z_i-2.5)^2} + \frac{1}{(x_i+2)^2+(y_i+2.5)^2+(z_i-2.5)^2}$$

$$(1.3)$$

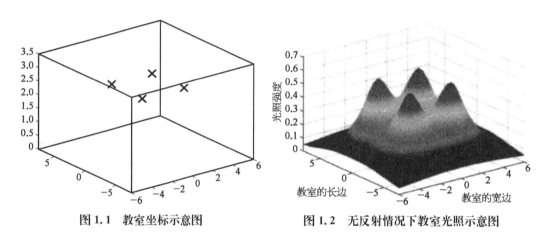

图 1.1　教室坐标示意图　　　　图 1.2　无反射情况下教室光照示意图

将空间点 i 的纵坐标设定为 1,就可以计算距离地面高 1 m 处各点的光照强度。在 MATLAB 计算中都是对离散点进行计算操作,因此将距离地面高 1 m 处的 12 m×15 m 平面离散为网格,每隔 0.25 m 取一个点,而点与点之间采用插值算法可以得到这个平面的光照强度,如图 1.2 所示。

通过示意图可以发现,在这个距离地面为 1 m 的平面中,四个灯下的光照强度最强。上述模型是建立在不考虑墙面反射基础上。那么,忽略反射的想法是否正确呢? 考虑墙面反射对于平面各点光照强度会带来怎样的影响? 为方便求解,首先假设墙面反射满足镜面反射原理,这也是最简单的假设。重新计算可以得到在距离地面为 1 m 的平面中各点的光照强度如图 1.3 所示。对比有无一次镜面反射,平面光照强度的改善情况如图 1.4 所示。从图中可以发现:墙边附近的光照强度改善最大,墙角和墙边的改善最小。因为墙角和墙边的反射最少,这些都与实际情况符合。

图 1.4 显示,通过一次镜面反射光照强度最大可以提高 0.1 左右。那么如果考虑二次反射,二次反射所能增加的光照强度将更加小,可以忽略不计。需要注意的是:在实际生活中,墙面的反射并不是简单的镜面反射,光源也不是点光源,光照强度也并非简单叠加。这样建立的模型将更为复杂。

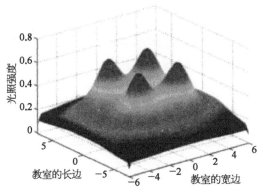

图 1.3　反射情况下教室光照强度示意图

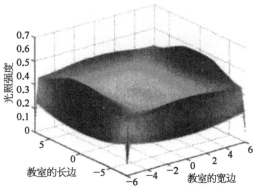

图 1.4　两种情况下教室光照强度对比示意图

1.4.3　椅子放置

问题

椅子是大家经常用到的一件日常用品,当我们把一只椅子随手放在某处,可能没有放稳,不过,根据常识,只要地面起伏不是太大,稍微将椅子挪动几次或旋转多次(或一次)就可以放稳。那么,关于这一问题,如何用严格的数学语言来论证呢?

解题思路

首先要明确放稳的标准,通常所谓的"稳",就是"稳定""不倒下去"的意思,还有一种就是椅子的四条腿同时着地,显然,这两种意思是不一样的。这里,采用后一种标准,即将椅子的四条腿是否同时着地作为衡量能否放稳的标准。那么,与此相关的因素有:椅子四条腿的粗细、长短,地面的不平程度,椅子的移动情况等。为了讨论问题的方便,先做一些必要的假设:

(1)椅子四条腿粗细均匀,长度相等,椅脚与地面的接触处视为一个点,四脚的连线呈正方形。

(2)地面高度是连续变化的,沿任何方向都不会出现间断(没有像台阶那样的情况),即地面可视为数学上的连续曲面。

(3)对椅脚的间距和椅腿的长度而言,地面是相对平坦的,使椅子在任何位置至少有三条腿同时着地。

椅子在地面上移动可用旋转和平移两个变量来刻画,为简便起见,仅考虑做旋转的情况。

设椅脚的连线为正方形 $ABCD$,对角线 AC 与 x 轴重合,当椅子绕中心点 O 旋转后对角线 $A'C'$ 与 x 轴的夹角为 θ(图 1.5),记 A',C' 两脚与地面的距离之和为 $f(\theta)$,B',D' 两脚与地面的距离之和为 $g(\theta)$。由假设(2),$f(\theta)$,$g(\theta)$ 都是 θ 的连续函数,由

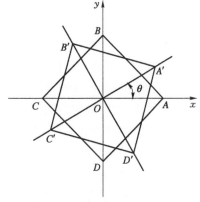

图 1.5　椅脚旋转前后示意图

假设(3)，对于任意的 θ，$f(\theta)$ 与 $g(\theta)$ 中至少有一个为 0。不妨设 $g(0)=0$，$f(0)\geq 0$，于是把椅子能放稳归结为证明如下的数学命题。

连续函数 $f(\theta)$ 及 $g(\theta)$，对任意 θ 有 $f(\theta)\cdot g(\theta)=0$ 且 $g(0)=0$，$f(0)\geq 0$，则存在 θ_0，使得 $f(\theta_0)=g(\theta_0)=0$。 这就是本问题的数学模型。接下来就是模型的求解过程。

（1）若 $f(0)=0$，则取 $\theta_0=0$，此时命题成立。

（2）若 $f(0)>0$，则将椅子旋转 $\frac{\pi}{2}$，这时对角线 AC 与 BD 互换，由 $g(0)=0$，$f(0)>0$ 知 $f\left(\frac{\pi}{2}\right)=0$，$g\left(\frac{\pi}{2}\right)>0$。

令 $F(\theta)=f(\theta)-g(\theta)$，则有 $F(0)>0$，$F\left(\frac{\pi}{2}\right)<0$，显然 $F(\theta)$ 是连续函数，由连续函数的零点存在定理可知，必存在 $\theta_0\in\left(0,\frac{\pi}{2}\right)$，使 $F(\theta_0)=0$，即 $f(\theta_0)=g(\theta_0)$，又因为 $f(\theta)\cdot g(\theta)=0$，故有 $f(\theta_0)=g(\theta_0)=0$。

由于这个实际问题非常直观、简单，模型的解释和验证就略去了。这个模型的巧妙之处在于用一元变量 θ 表示椅子的位置，用 θ 的两个函数表示椅子四脚与地面的距离。另外指出，该模型中椅子四脚连线呈正方形的假设及椅子旋转 90°并不是本质的，读者可以考虑四脚连线呈长方形的情形。

可进一步思考的问题：椅子四脚连线为等腰梯形时，如何建模与求解？椅子四脚连线呈什么形状时，椅子一定能放稳（即寻找能放稳的充分必要条件）？

1.4.4 森林救火

问题

一个冬天，某一森林不幸发生火灾，消防站接到报警后立即决定派消防队员前去救火，然而，派多少队员去呢？派的队员越多，森林的损失就越少，但救援的开支就会增加，所以需要综合考虑森林损失费和救援费与消防队员人数之间的关系，以总费用最小来决定派出队的数目。

解题思路

森林损失费通常正比于烧毁的森林面积，而烧毁的森林面积与失火的时间、消防队员开始救火的时间、火被扑灭的时间有关，火被扑灭的时间又取决于消防队员的人数，人数越多灭火越快，救援费除与消防队员人数有关外，也与灭火时间长短有关。事实上，通过从消防部门获得的信息：救援费包括两部分，一部分是灭火器材的消耗及消防队员的薪金等，这些与消防队员人数及灭火时间均有关；另一部分是运送消防队员和器材等一次性支出，与消防队员的人数及器材的数量有关。

另外，烧毁的森林面积与火势的蔓延程度有关，而火势的蔓延程度与天气有很大的关系，如刮风、下雨等。为了便于叙述，引进一些符号：

记失火时刻为 $t=0$，开始救火时刻为 $t=t_1$，火被扑灭时刻为 $t=t_2$。设在时刻 t 烧毁的森林面积为 $B(t)$，则最终烧毁的森林面积为 $B(t_2)$。那么，怎样刻画火势蔓延的程度呢？可以用单位时间烧毁的森林面积来表示，即 $\dfrac{dB}{dt}$。容易知道，在消防队员到达之前，即 $0 \leqslant t \leqslant t_1$，火势是越来越大，即 $\dfrac{dB}{dt}$ 随 t 的增大而增大；开始救火以后，即 $t_1 \leqslant t \leqslant t_2$，如果消防队员救火能力足够强，火势会越来越小，即 $\dfrac{dB}{dt}$ 会减小，并且当 $t=t_2$ 时 $\dfrac{dB}{dt}=0$。

通过以上分析知道，烧毁森林的损失费、救援费以及火势蔓延程度与时间 t、消防队员人数的具体关系是建立数学模型的关键问题。为了便于建模，做如下一些假设：

(1) 为了简单起见，不考虑刮风、下雨等情况。

(2) 假设烧毁森林的损失费与烧毁面积 $B(t_2)$ 成正比，比例系数为 c_1，c_1 即为烧毁单位面积的损失费。

(3) 设从失火到开始救火这段时间 $(0 \leqslant t \leqslant t_1)$ 内，火势蔓延程度 $\dfrac{dB}{dt}$ 与时间 t 成正比，比例系数为 β，β 称为火势蔓延速度。

(4) 设派出消防队员 x 名，并且假设开始救火以后 $(t \geqslant t_1)$ 火势蔓延速度降为 $\beta - \lambda x$，其中 λ 可视为每个队员的平均灭火速度，显然应有 $\beta < \lambda x$。

(5) 设每个消防队员单位时间的费用为 c_2（消防队员的工资。为简单起见，把消防剂的消耗及消防器材的损耗等费用也分摊在每个消防队员身上，合并记为 c_2），于是每个队员的救火费用是 $c_2(t_2 - t_1)$；设运送每个消防队员的一次性支出为 c_3（将运送器材的费用也分摊到每个队员身上，合并记为 c_3）。

第 (3) 条假设可做如下解释：火势以失火点为中心，以均匀速度向四周呈圆形蔓延，所以蔓延的半径 r 与时间 t 成正比。又因为烧毁的森林面积 B 与 r^2 成正比，故 B 与 t^2 成正比，从而 $\dfrac{dB}{dt}$ 与 t 成正比。可以看出，在不考虑天气的情况下，这个假设是合理的。

根据假设 (3)、(4) 可知，火势蔓延程度 $\dfrac{dB}{dt}$ 在 $0 \leqslant t \leqslant t_1$ 内线性地增加，在 $t_1 \leqslant t \leqslant t_2$ 内线性地减少，记 $t=t_1$ 时，$\dfrac{dB}{dt}=b$，则 $\dfrac{dB}{dt}$ 与时间 t 的关系如图 1.6 所示。

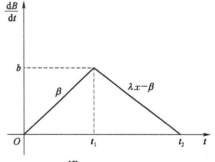

图 1.6　$\dfrac{dB}{dt}$ 随时间 t 变化的示意图

烧毁的森林面积 $B(t_2) = \displaystyle\int_0^{t_2} \dfrac{dB}{dt} dt$ 恰好就是图中三角形的面积（根据定积分的几何意义），显

然 $B(t_2)=\dfrac{1}{2}bt_2$。也可写出 $\dfrac{\mathrm{d}B}{\mathrm{d}t}$ 关于 t 的解析式代入上述积分计算可得,而 t_2 满足 $t_2-t_1=\dfrac{b}{\lambda x-\beta}$,即 $t_2=t_1+\dfrac{b}{\lambda x-\beta}$,从而可得

$$B(t_2)=\frac{1}{2}bt_2=\frac{bt_1}{2}+\frac{b^2}{2(\lambda x-\beta)} \tag{1.4}$$

根据假设(2)、(5),森林损失费为 $c_1B(t_2)$,救援费为 $c_2x(t_2-t_1)+c_3x$。于是可得救火总费用为

$$C(x)=\frac{c_1bt_1}{2}+\frac{c_1b^2}{2(\lambda x-\beta)}+\frac{c_2bx}{\lambda x-\beta}+c_3x \tag{1.5}$$

这样,问题就归结为求 x 使 $C(x)$ 达到最小。这就是森林救火问题的数学模型。

这是一个一元函数求极值的问题。令 $\dfrac{\mathrm{d}C}{\mathrm{d}x}=0$,可以得到应派出的队员人数为

$$x=\sqrt{\frac{c_1\lambda b^2+2c_2\beta b}{2c_3\lambda^2}}+\frac{\beta}{\lambda} \tag{1.6}$$

从上述结果,可以看出应派出队员人数由两部分组成,其中一部分 $\dfrac{\beta}{\lambda}$ 是为了把火扑灭所必需的最低限度,因为 β 是火势蔓延速度,而 λ 是每个队员的平均灭火速度,所以这个结果是明显的。从图 1.6 也可以看出,只有当 $x>\dfrac{\beta}{\lambda}$ 时,斜率为 $\lambda x-\beta$ 的直线才会与 t 轴有交点。另一部分,即在最低限度之上的人数,与问题的各个参数有关。当消防队员灭火速度 λ 和救援费用系数 c_3 增大时,消防队员数减少;当火势蔓延速度 β、开始救火时的火势 b 及损失费用系数 c_1 增加时,消防队员数增加,这些结果与常识是一致的。另外所得结果还表明,当救援费用系数 c_2 变大时消防队员数也增大,请读者考虑这个结果是否合理。

实际应用这个模型时,c_1、c_2、c_3 是已知常数,β、λ 由森林类型、消防队员素质等因素决定,可以根据平常积累的数据预先制成表格以备查用。较难掌握的是开始救火时的火势 b,不过,它可以由失火到救火的时间 t_1 按 $b=\beta t_1$ 算出,或根据现场情况估计。

评注建立这个模型的关键是对 $\dfrac{\mathrm{d}B}{\mathrm{d}t}$ 的假设,比较合理而又简化的假设(3)、(4)只能符合无风的情况,在风势的影响下应考虑另外的假设;再者,有人对消防队员灭火的平均速度 λ 是常数的假设提出异议,认为 λ 应与开始救火时的火势 b 有关,b 越大 λ 越小,这时要对函数 $\lambda(b)$ 做出合理的假设。再得到进一步的结果。可见这个模型改进的余地还很大,有兴趣的读者可进一步研究。

1.5　数学建模竞赛简介

为了选拔人才(实际上是更好地培养人才),组织竞赛是一种行之有效的方法。1985年在美国出现了一种叫作 MCM 的一年一度的大学生数学建模竞赛(1987 年前全称是 Mathematical Competition in Modeling,1988 年全称改为 Mathematical Contest in Modeling,其缩写均为 MCM)。

在 1985 年以前,美国只有一种大学生数学竞赛[The William Lowell Putnam Mathematical Competition, Putnam(普特南)数学竞赛],它是由美国数学协会(Mathematical Association of America,MAA)主持,于每年 12 月的第一个星期六分两试进行,每试 6 题,每试各为 3 小时。近年来,在次年的美国数学月刊(*The American Mathematical Monthly*)上刊出竞赛小结、奖励名单、试题及部分题解。这是一个历史悠久、影响很大的全美大学生数学竞赛。自 1938 年举行第一届竞赛以来已近 78 届了,主要考核基础知识和训练逻辑推理及证明能力、思维敏捷度、计算能力等。试题中很少有应用题,完全不能用计算机,是闭卷考试,竞赛是由各大学组队自愿报名参加。普特南数学竞赛在吸引青年人热爱数学从而走上数学研究的道路、鼓励各数学系更好地培养人才方面起了很大作用,事实上有很多优秀的数学家就曾经是它的获奖者。

有人认为应用数学、计算数学、统计数学和纯粹数学一样是数学研究和数学课程教学的重要组成部分,它们是一个有机的整体。有人形象地把这四者比喻为一四面体的四个顶点,棱和面表示学科的"内在联系",例如应用线性代数、数值分析、运筹学等,而该四面体即数学的整体。因此,在美国自 1983 年就有人提出了应该有一个普特南应用数学竞赛,经过论证、讨论、争取资助的过程,终于在 1985 年开始了第一届大学生数学建模竞赛。

MCM 的宗旨是鼓励大学生对范围并不固定的各种实际问题予以阐明、分析并提出解法,通过这样一种结构鼓励师生积极参与并强调实现完整模型的过程。每个参赛队有一名指导教师,他在比赛开始前负责队员的训练和战术指导;并接收考题,竞赛由学生自行参加,指导教师不得参与。比赛于每年 2 月或 3 月的某个周末进行。从 2015 年开始,每次给出三个问题(一般是连续、离散、数据挖掘各一题),每队只需任选一题。赛题是由在工业和政府部门工作的数学家提出建议,由命题组成员选择的没有固定范围的实际问题。

美国大学生数学建模竞赛(Mathematical Contest in Modeling/Interdisciplinary Contest in Modeling,MCM/ICM),是一项国际级的竞赛项目,为现今各类数学建模竞赛之鼻祖。MCM 始于 1985 年,ICM 始于 2000 年,由美国数学及其应用联合会(The Consortium for Mathematics and Its Application,COMAP)主办,得到了 SIAM、NSA、INFORMS 等多个组织的赞助。MCM/ICM 着重强调研究问题、解决方案的原创性,团队合作、交流以及结果的合理性。竞赛以三人(本科生)为一组,在四天时间内,就指定的问题完成从建立模型、求解、验证到论文撰写的全部工作。竞赛每年都吸引大量著名高校参赛,MCM/ICM 已经成为最著名的国际大学生竞赛之一。

我国大学生于 1989 年开始参加美国 MCM(北京理工大学叶其孝教授于 1988 年访问美国时,应当时 MCM 负责人 B. A. Fusaro 教授之邀请访问他所在学校时商定了中国大学生组队参赛的相关事宜),到 1992 年已有国内 12 所大学 24 个参赛队,都取得了较好的成绩。在我国,不少高校教师也萌发了组织我国自己的大学生数学建模竞赛的想法。上海市率先于 1990 年 12 月 7—9 日举办了"上海市大学生(数学类)数学建模竞赛"。于 1991 年 6 月 7—9 日举办了"上海市大学生(非数学类)数学建模竞赛"。西安也于 1992 年 4 月 3—6 日举办了"西安市第一届大学生数学建模竞赛"。由中国工业与应用数学学会(China Society for Industrial and Applied Mathematics, CSIAM)举办的"1992 年全国大学生数学建模联赛"也于 1992 年 11 月 27—29 日举行,来自全国 74 所大学的 314 个队参加,不仅得到各级领导的关心,还得到企业界的支持,特别是得到了宣传部门的广泛支持。1995 年起由教育部和中国工业与应用数学学会联合举办全国大学生数学建模竞赛,每年 9 月举行,现在已成为全国规模最大的一项国家级的大学生科技竞赛活动。

近几年,数学建模在中国得到不断发展。涌现出很多区域性数学建模竞赛,使得数学建模爱好者有一个相互交流经验和展示自我能力的舞台。数学建模初学者还可以通过区域赛事检验自我的能力,增加比赛经验。数学建模竞赛与通常的数学竞赛不同,竞赛的问题来自实际工程或有明确的实际背景。它的宗旨是培养大学生用数学方法解决实际问题的意识和能力,整个赛事是完成一篇包括问题的阐述分析,模型的假设和建立,计算结果及讨论的论文。通过训练和比赛,同学们不仅用数学方法解决实际问题的意识和能力有很大提高,而且在团结合作发挥集体力量攻关,以及撰写科技论文等方面将均得到十分有益的锻炼。

另外就全国大学生数学建模竞赛的题目来说,它可以来自人们日常生活的各个方面,经常会来源于当时社会中的热点问题。如 2014 年的"嫦娥三号"的软着陆轨道设计与控制策略;2015 年的"互联网+"时代的出租车资源配置;2016 年的小区开放对道路通行的影响。

现在国内外的主要赛事有:

(1) 每年 2 月美国大学生数学建模竞赛;

(2) 每年 9 月全国大学生数学建模竞赛;

(3) 每年 9 月全国研究生数学建模竞赛。

全国大学生数学建模竞赛是全国高校规模最大的课外科技活动之一。该竞赛于每年 9 月第三个星期五至下一周星期一(共 3 天,72 小时)举行。竞赛面向全国大学本科、专科院校的学生,不分专业[但竞赛分甲、乙两组,甲组竞赛任何学生均可参加,乙组竞赛只有大专生(包括高职、高专生)或本科非理工科学生可以参加]。同学可以向本校教务部门咨询,如有必要也可直接与全国竞赛组委会或各省(市、自治区)赛区组委会联系。2016 年,来自全国 33 个省/市/区(包括香港和澳门)及新加坡的 1 367 所院校、31 199 个队(本科 28 046 队、专科 3 153 队)、93 000 多名大学生报名参加本项竞赛,是历年来参赛人数最多的一年。

　　大学生数学建模竞赛与高中数学知识竞赛不同,它是由 3 人组队完成的团体赛事。团队是否优秀直接关系比赛的成绩,在培训过程中教练选拔优秀团队参赛,因此竞赛的组队是非常重要的。之所以在这里介绍这些,是考虑到组队及团队合作是参加数学建模竞赛非常重要的一个环节,数学建模竞赛工作量很大,团队内成员各有分工,需要 3 个成员互帮互助完成各自的任务。通过这些内容希望大家能够明白各自擅长学习什么,以及怎样找到合适的队友。作为团队的一员需要了解如何建立模型、如何求解模型以及如何写出优秀的数学建模论文,但是并不需要完全精通以上 3 个方面。数学建模竞赛在考察个人能力的同时,也在考察成员的团队合作与分工的能力。团队精神是数学建模是否取得好成绩的最重要因素,一个队 3 个人要相互支持,相互鼓励。切勿自己只管自己的一部分,很多时候一个人的思考是不全面的,只有大家一起讨论才有可能把问题搞清楚。因此无论做任何事情,3 个人要一起齐心合力才行,只靠一个人的力量,要在 3 天之内写出一篇高水平的论文几乎是不可能的。

　　让 3 人一组参赛一是为了培养合作精神,其实更为重要的原因是这项工作需要多人合作。一来是因为数学建模竞赛工作量大,一个人几乎不能完成竞赛要求完成的任务;二来是因为一个人不是万能的,他所掌握的知识往往是不够全面的。相信阅读本书的同学很多都是数学建模的初学者,希望通过本书的阅读可以使大家具备参加数学建模竞赛的能力。在前面也已经提及,数学建模竞赛是以团队合作的形式展开,因此团队内部也应该有合理的分工。一个人的能力是有限的,但是好的团队却能够达到 $1+1+1>3$ 的效果。建模的同学需要掌握几类基本的数学模型,其中包括预测类数学模型、优化类数学模型、评价类数学模型、统计类数学模型、概率类数学模型以及方程类数学模型等。编程的同学需要熟练掌握 MATLAB、LINGO、SPSS 等软件的使用。写作的同学能够通过练习,掌握基本的写作技巧。

　　本书接下来几章将介绍与机械工程专业、建筑环境与能源应用工程专业、能源动力类专业、工业工程专业密切相关的常见模型案例,希望通过这些案例,能够帮助大家更好地了解和建立数学建模的正确思路,从而解决学习、生活中遇到的问题。

第 2 章

工程案例之机械动力篇

2.1　单指标优选模型在机器人避障中的应用

2.1.1　问题提出

图 2.1 是一个 800×800 的平面场景图,在原点 $O(0,0)$ 点处有一个机器人,它只能在该平面场景范围内活动。图中有 12 个不同形状的区域是机器人不能与之发生碰撞的障碍物,障碍物的数学描述见表 2.1。在图 2.1 的平面场景中,障碍物外指定一点为机器人要到达的目标点(要求目标点与障碍物的距离至少超过 10 个单位)。规定机器人的行走路径由直线段和圆弧组成,其中圆弧是机器人转弯路径。机器人不能折线转弯,转弯路径由与直线路径相切的一段圆弧组成,也可以由两个或多个相切的圆弧路径组成,但每个圆弧的半径最小为 10 个单位。为了不与障碍物发生碰撞,同时要求机器人行走线路与障碍物间的最近距离为 10 个单位,否则将发生碰撞,若碰撞发生,则机器人无法完成行走。

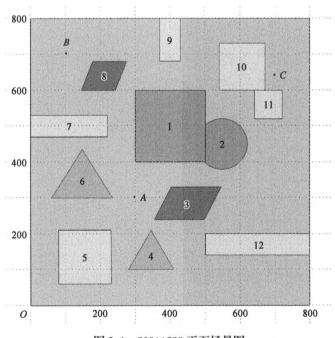

图 2.1　800×800 平面场景图

表 2.1　障碍物的数学描述

编号	障碍物名称	左下顶点坐标	其 他 特 性 描 述
1	正方形	(300,400)	边长 200
2	圆形		圆心坐标(550,450),半径 70

编号	障碍物名称	左下顶点坐标	其 他 特 性 描 述
3	平行四边形	(360,240)	底边长140,左上顶点坐标(400,330)
4	三角形	(280,100)	上顶点坐标(345,210),右下顶点坐标(410,100)
5	正方形	(80,60)	边长150
6	三角形	(60,300)	上顶点坐标(150,435),右下顶点坐标(235,300)
7	长方形	(0,470)	长220,宽60
8	平行四边形	(150,600)	底边长90,左上顶点坐标(180,680)
9	长方形	(370,680)	长60,宽120
10	正方形	(540,600)	边长130
11	正方形	(640,520)	边长80
12	长方形	(500,140)	长300,宽60

机器人直线行走的最大速度为 $v_0=5$ 个单位/s。机器人转弯时,最大转弯速度为 $v=$
$v(\rho)=\dfrac{v_0}{1+e^{10-0.1\rho^2}}$,其中 ρ 是转弯半径。如果超过该速度,机器人将发生侧翻,无法完成
行走。

请建立机器人从区域中一点到达另一点的避障最短路径和最短时间路径的数学模型。对场景图中 4 个点 $O(0,0)$,$A(300,300)$,$B(100,700)$,$C(700,640)$,具体计算:

(1) 机器人从 $O(0,0)$ 出发,$O{\rightarrow}A$、$O{\rightarrow}B$、$O{\rightarrow}C$ 和 $O{\rightarrow}A{\rightarrow}B{\rightarrow}C{\rightarrow}O$ 的最短路径。

(2) 机器人从 $O(0,0)$ 出发,到达 A 的最短时间路径。

要给出路径中每段直线段或圆弧的起点和终点坐标、圆弧的圆心坐标以及机器人行走的总距离和总时间。

2.1.2　问题分析

本题使用向量变换知识来解决机器人避障问题。

首先,建立向量伸缩和旋转变换的数学公式,在此基础上建立切点坐标公式和切线长度公式,为计算切线长度和转弯圆弧长度做准备。借助解析几何建立各种障碍物及机器人行走禁区的数学表达式,并给出机器人可行路径的定义,为计算机自动搜索最短路径或最速路径做准备。

针对问题(1),在单目标点和多目标点两种情况下分别建立最短路径模型,对于单目标情形,设计若干条可能的最短路径,计算出它们的长度,再比较大小筛选出最短路径,这实际上是一个单指标优选问题。对于多目标的情形,需要建立优化模型来确定绕过中间目标点的圆弧的圆心和半径,再设计若干条可能的最短可行路径,计算出它们的长度,进一步比较大小筛选出最短路径。在建立优化模型的同时,由于公切线的类型不同,又要分同时外切、同时内切、一条外切一条内切三种情况分别建立优化模型。

针对问题(2),根据机器人行走的路径最短和时间最短互相矛盾的情况,需要建立时间最短的路径模型,即最速路径的优化模型。对于单目标点情形,需要建立优化模型来确定绕过障碍物顶点的圆弧的圆心和半径,再设计若干条可能的最短可行路径,计算出它们的长度,进一步比较大小筛选出最短路径。

最后,针对最短路径模型中存在人工干预的不足,建立在机器人可行区域中自动搜索最短路径算法。

解题思路如图 2.2 所示。

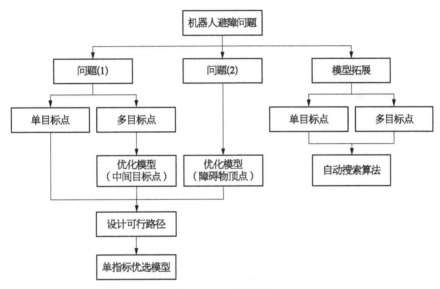

图 2.2　解题路径

2.1.3　模型建立与求解

2.1.3.1　模型假设和符号说明

模型的符号说明见表 2.2。其余符号在文中给出。

表 2.2　符号说明

物　理　量	符　号　说　明
ρ	机器人转弯半径
$r = 10$	机器人转弯圆弧半径的最小值
$A(x_A, y_A)$	点 A 的直角坐标
$v_0 = 5$	机器人直线行走的最大速度(m/s)
l_i	机器人的第 i 条可行路径
t	机器人沿最短路径行走的时间(s)

为了简化问题，做如下假设：

（1）把机器人抽象成一个质点。

（2）所有障碍物为静态的，其位置固定不变。

（3）机器人绕过障碍物顶点时转弯圆弧半径为 10 个单位。

（4）机器人直线行走速度与圆弧行走速度之间的转换都是瞬间完成的。

（5）机器人的直线行走速度和圆弧行走速度都是匀速。

（6）在直线阶段机器人以最大速度行走。

（7）机器人不能直线转弯。

（8）机器人绕过中间目标点时转弯圆弧半径至少为 10 个单位。

（9）在最速路径模型中，机器人转弯圆弧半径至少为 10 个单位。

（10）长度单位为"单位"，时间单位为"s"。

2.1.3.2 建模准备

设长方形的长大于宽，将长方形障碍物 9 的长与宽的值交换，即长为 120，宽为 60。

设曲线弧的极坐标公式方程为 $\rho = \rho(\theta)$，$\theta_1 \leqslant \theta \leqslant \theta_2$，则曲线弧长为

$$l = \int_{\theta_1}^{\theta_2} \sqrt{\rho^2 + (\rho')^2} \, \mathrm{d}\theta \tag{2.1}$$

1) 最短路径定理

定理 2.1 如图 2.3 所示，已知点 O、点 A 为障碍物（三角形、矩形、平行四边形）外一点，从点 O 出发，绕过障碍物顶点 S 到达点 A，以点 S 为圆心、r 为半径画圆，分别过 O、A 作圆 S 的切线，切点分别为 D、E 点，则路径 $ODEA$ 是从点 O 出发的、从上面绕过障碍物到达点 A 的最短路径。

证明： 设曲线 L 为从圆 S 的上面绕过的路径，连接 SD 并延长交曲线 L 于 P 点，连接 SE 并延长交曲线 L 于 Q 点，显然有

$$|\widehat{OP}| \geqslant |\overline{OP}| \geqslant |\overline{OD}| \tag{2.2}$$

$$|\widehat{AQ}| \geqslant |\overline{AQ}| \geqslant |\overline{AE}| \tag{2.3}$$

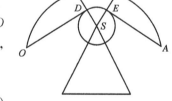

图 2.3 绕过障碍物顶点的最短路径

其中，等号当且仅当 P 点与 D 点重合、Q 点与 E 点重合、OP 与 AQ 为直线时成立。

再以 S 为极点建立极坐标系，曲线 L 的极坐标方程为 $\rho = \rho(\theta)$，$\theta_1 \leqslant \theta \leqslant \theta_2$，$\theta_1$、$\theta_2$ 分别为 Q 点和 P 点的极角（也是 E 点和 D 点的极角）。由式（2.1）得

$$|\widehat{PQ}| = \left| \int_{\theta_1}^{\theta_2} \sqrt{\rho^2 + (\rho')^2} \, \mathrm{d}\theta \right| \geqslant \left| \int_{\theta_1}^{\theta_2} \rho \, \mathrm{d}\theta \right| \geqslant \left| \int_{\theta_1}^{\theta_2} r \, \mathrm{d}\theta \right| = r(\theta_2 - \theta_1) = |\widehat{DE}|$$

$$\tag{2.4}$$

式(2.4)中的等号当且仅当 $\rho \equiv r$，即路径 PQ 与圆弧 DE 重合时成立。

由式(2.2)~式(2.4)可知,路径 $ODEA$ 是从上面绕过障碍物的最短路径,证毕。

2) 向量伸缩和旋转变换

已知向量 $\overrightarrow{OA}$,把向量 $\overrightarrow{OA}$ 的长度变换为原来的 $k(k \neq 0)$ 倍后的向量为 $\overrightarrow{OB}$,则

$$\overrightarrow{OA} = k\overrightarrow{OB} \tag{2.5}$$

已知向量 $\overrightarrow{OA} = (x_A, y_A)$,把向量 $\overrightarrow{OA}$ 顺时针旋转 θ 角度,旋转后的向量为 $\overrightarrow{OB} = (x_B, y_B)$,则

$$\begin{pmatrix} x_B \\ y_B \end{pmatrix} = \begin{pmatrix} \cos\theta & \sin\theta \\ -\sin\theta & \cos\theta \end{pmatrix} \begin{pmatrix} x_A \\ y_A \end{pmatrix} \tag{2.6}$$

如果是逆时针选择 θ 角度,则

$$\begin{pmatrix} x_B \\ y_B \end{pmatrix} = \begin{pmatrix} \cos\theta & -\sin\theta \\ \sin\theta & \cos\theta \end{pmatrix} \begin{pmatrix} x_A \\ y_A \end{pmatrix} \tag{2.7}$$

3) 切点坐标及切线长度

（1）点到圆的切线。如图 2.4 所示,从圆 O 外一点向圆做切线,切点分别为 B、C,设 $O(x_0, y_0)$, $A(x_A, y_A)$, $B(x_B, y_B)$, $C(x_C, y_C)$,向量 $\overrightarrow{OB}$ 看作由向量 $\overrightarrow{OA}$ 顺时针旋转和伸缩变换而来,向量 $\overrightarrow{OC}$ 看作由向量

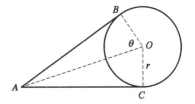

图 2.4　圆外一点与圆相切

$\overrightarrow{OA}$ 逆时针旋转和伸缩变换而来,于是根据式(2.5)~式(2.7),得

$$\left. \begin{aligned} \begin{pmatrix} x_B \\ y_B \end{pmatrix} &= \begin{pmatrix} x_0 \\ y_0 \end{pmatrix} + \begin{pmatrix} \cos\theta & \sin\theta \\ -\sin\theta & \cos\theta \end{pmatrix} \begin{pmatrix} x_A - x_0 \\ y_A - y_0 \end{pmatrix} \cos\theta \\ \begin{pmatrix} x_C \\ y_C \end{pmatrix} &= \begin{pmatrix} x_0 \\ y_0 \end{pmatrix} + \begin{pmatrix} \cos\theta & -\sin\theta \\ \sin\theta & \cos\theta \end{pmatrix} \begin{pmatrix} x_A - x_0 \\ y_A - y_0 \end{pmatrix} \cos\theta \end{aligned} \right\} \tag{2.8}$$

其中

$$\theta = \arccos \frac{r}{|OA|} \tag{2.9}$$

显然, $0 < \theta < \dfrac{\pi}{2}$。

切线长度为

$$|AB| = |AC| = r\tan\theta \tag{2.10}$$

（2）两圆外公切线。如图 2.5 所示,设两圆的圆心分别为 $O_1(x_1, y_1)$, $O_2(x_2, y_2)$,半径分别为 r_1, r_2,不妨设 $r_1 \geqslant r_2$,当 $|O_1O_2| > r_1 - r_2$ 时,有两条外公切线

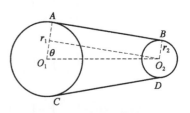

图 2.5　两圆外公切线

AB 和 CD。设 $A(x_A, y_A)$，$B(x_B, y_B)$，$C(x_C, y_C)$，$D(x_D, y_D)$。

向量 $\overrightarrow{O_1A}$、$\overrightarrow{O_2B}$ 看作由向量 $\overrightarrow{O_1O_2}$ 逆时针旋转和伸缩变换而来，向量 $\overrightarrow{O_1C}$、$\overrightarrow{O_2D}$ 看作由向量 $\overrightarrow{O_1O_2}$ 顺时针旋转和伸缩变换而来，则

$$\left.\begin{aligned} \begin{pmatrix} x_A \\ y_A \end{pmatrix} &= \begin{pmatrix} x_1 \\ y_1 \end{pmatrix} + \begin{pmatrix} \cos\theta & -\sin\theta \\ \sin\theta & \cos\theta \end{pmatrix} \begin{pmatrix} x_2-x_1 \\ y_2-y_1 \end{pmatrix} \frac{r_1}{|O_1O_2|} \\ \begin{pmatrix} x_B \\ y_B \end{pmatrix} &= \begin{pmatrix} x_2 \\ y_2 \end{pmatrix} + \begin{pmatrix} \cos\theta & -\sin\theta \\ \sin\theta & \cos\theta \end{pmatrix} \begin{pmatrix} x_2-x_1 \\ y_2-y_1 \end{pmatrix} \frac{r_2}{|O_1O_2|} \end{aligned}\right\} \tag{2.11}$$

$$\left.\begin{aligned} \begin{pmatrix} x_C \\ y_C \end{pmatrix} &= \begin{pmatrix} x_1 \\ y_1 \end{pmatrix} + \begin{pmatrix} \cos\theta & \sin\theta \\ -\sin\theta & \cos\theta \end{pmatrix} \begin{pmatrix} x_2-x_1 \\ y_2-y_1 \end{pmatrix} \frac{r_1}{|O_1O_2|} \\ \begin{pmatrix} x_D \\ y_D \end{pmatrix} &= \begin{pmatrix} x_2 \\ y_2 \end{pmatrix} + \begin{pmatrix} \cos\theta & \sin\theta \\ -\sin\theta & \cos\theta \end{pmatrix} \begin{pmatrix} x_2-x_1 \\ y_2-y_1 \end{pmatrix} \frac{r_2}{|O_1O_2|} \end{aligned}\right\} \tag{2.12}$$

其中
$$\theta = \arccos\frac{r_1-r_2}{|O_1O_2|} \tag{2.13}$$

显然，$0 < \theta < \dfrac{\pi}{2}$。

切线长度为
$$|AB| = |AC| = (r_1-r_2)\sin\theta \tag{2.14}$$

当 $|O_1O_2| = r_1-r_2$ 时，只有一条外公切线。当 $|O_1O_2| < r_1-r_2$ 时，没有外公切线。

（3）两圆内公切线。类似地，当 $|O_1O_2| > r_1+r_2$ 时，有两条内公切线 AB 和 CD，如图 2.6 所示。向量 $\overrightarrow{O_1A}$、$\overrightarrow{O_2B}$ 看作由向量 $\overrightarrow{O_1O_2}$ 逆时针旋转和伸缩变换而来，向量 $\overrightarrow{O_1C}$、$\overrightarrow{O_2D}$ 看作由向量 $\overrightarrow{O_1O_2}$ 顺时针旋转和伸缩变换而来，于是公切点的坐标分别为

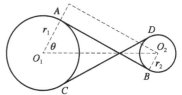

图 2.6　两圆内公切线

$$\left.\begin{aligned} \begin{pmatrix} x_A \\ y_A \end{pmatrix} &= \begin{pmatrix} x_1 \\ y_1 \end{pmatrix} + \begin{pmatrix} \cos\theta & -\sin\theta \\ \sin\theta & \cos\theta \end{pmatrix} \begin{pmatrix} x_2-x_1 \\ y_2-y_1 \end{pmatrix} \frac{r_1}{|O_1O_2|} \\ \begin{pmatrix} x_B \\ y_B \end{pmatrix} &= \begin{pmatrix} x_2 \\ y_2 \end{pmatrix} - \begin{pmatrix} \cos\theta & -\sin\theta \\ \sin\theta & \cos\theta \end{pmatrix} \begin{pmatrix} x_2-x_1 \\ y_2-y_1 \end{pmatrix} \frac{r_2}{|O_1O_2|} \end{aligned}\right\} \tag{2.15}$$

$$\left.\begin{aligned} \begin{pmatrix} x_C \\ y_C \end{pmatrix} &= \begin{pmatrix} x_1 \\ y_1 \end{pmatrix} + \begin{pmatrix} \cos\theta & \sin\theta \\ -\sin\theta & \cos\theta \end{pmatrix} \begin{pmatrix} x_2-x_1 \\ y_2-y_1 \end{pmatrix} \frac{r_1}{|O_1O_2|} \\ \begin{pmatrix} x_D \\ y_D \end{pmatrix} &= \begin{pmatrix} x_2 \\ y_2 \end{pmatrix} - \begin{pmatrix} \cos\theta & \sin\theta \\ -\sin\theta & \cos\theta \end{pmatrix} \begin{pmatrix} x_2-x_1 \\ y_2-y_1 \end{pmatrix} \frac{r_2}{|O_1O_2|} \end{aligned}\right\} \tag{2.16}$$

其中
$$\theta = \arccos \frac{r_1 + r_2}{|O_1O_2|} \tag{2.17}$$

显然, $0 < \theta < \dfrac{\pi}{2}$。

切线长度为
$$|AB| = |AC| = (r_1 + r_2)\sin\theta \tag{2.18}$$

当 $|O_1O_2| = r_1 + r_2$ 时, 只有一条内公切线。当 $|O_1O_2| < r_1 + r_2$ 时, 没有内公切线。

4) 禁区的数学表示

将障碍物及其周边安全距离 10 单位所构成的区域称为该障碍物的禁区。

将所有障碍物禁区的并集称为机器人行走禁区, 记为 Ω。

(1) 三角形障碍物禁区的解析表达式。如图 2.7 所示, 设三角形顶点坐标分别为 $A(x_A, y_A)$, $B(x_B, y_B)$, $C(x_C, y_C)$, 根据式(2.11)和式(2.12)可以求得切点 D、E、H、K、F、G 的坐标, 分别记为 $D(x_D, y_D)$, $E(x_E, y_E)$, $H(x_H, y_H)$, $K(x_K, y_K)$, $F(x_F, y_F)$, $G(x_G, y_G)$, 则切线 DE、FG、HK 的直线方程为

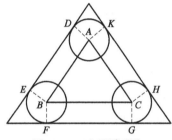

图 2.7 三角形障碍物

$$\left. \begin{aligned} y &= \frac{y_D - y_E}{x_D - x_E}(x - x_E) + y_E \\ y &= \frac{y_F - y_G}{x_F - x_G}(x - x_G) + y_G \\ y &= \frac{y_H - y_K}{x_H - x_K}(x - x_K) + y_K \end{aligned} \right\} \tag{2.19}$$

于是三角形障碍物禁区可表示为
$$\Omega_\Delta = \Omega_0 - (\Omega_A \cup \Omega_B \cup \Omega_C) \tag{2.20}$$

其中
$$\Omega_0 = \left\{ (x, y) \,\middle|\, y_B - 10 < y, \ y < \frac{y_D - y_E}{x_D - x_E}(x - x_E) + y_E, \right.$$
$$\left. y < \frac{y_H - y_K}{x_H - x_K}(x - x_K) + y_K \right\}$$

$$\Omega_A = \left\{ (x, y) \,\middle|\, (x - x_A)^2 + (y - y_A)^2 \geqslant r^2, \ y \leqslant \frac{y_D - y_E}{x_D - x_E}(x - x_E) + y_E, \right.$$
$$\left. y \leqslant \frac{y_H - y_K}{x_H - x_K}(x - x_K) + y_K \right\}$$

$$
\begin{aligned}
\Omega_B &= \left\{(x, y) \middle| (x-x_B)^2+(y-y_B)^2 \geqslant r^2,\right. \\
&\qquad \left. y_B-10 \leqslant y \leqslant \frac{y_D-y_E}{x_D-x_E}(x-x_E)+y_E\right\} \\
\Omega_C &= \left\{(x, y) \middle| (x-x_C)^2+(y-y_C)^2 \geqslant r^2,\right. \\
&\qquad \left. y_C-10 \leqslant y \leqslant \frac{y_G-y_H}{x_G-x_H}(x-x_H)+y_H\right\}
\end{aligned} \tag{2.21}
$$

(2) 长方形(或正方形)障碍物禁区的解析表达式。如图 2.8 所示,设长方形左下顶点坐标为 $A(x_A, y_A)$,长为 a,宽为 b,长方形障碍物禁区可表示为

$$\Omega_P = \Omega_0 - (\Omega_A \cup \Omega_B \cup \Omega_C \cup \Omega_D) \tag{2.22}$$

图 2.8 长方形障碍物

其中

$$
\left.\begin{aligned}
&\Omega_0 = \{(x, y) \mid y_A - r < y < y_A + b + r,\ x_A - r < y < x_A + a + r\} \\
&\Omega_A = \{(x, y) \mid (x-x_A)^2+(y-y_A)^2 \geqslant r^2,\ y_A - r \leqslant y,\ x_A - r \leqslant x\} \\
&\Omega_B = \{(x, y) \mid (x-x_A-a)^2+(y-y_A)^2 \geqslant r^2,\ y_A - r \leqslant y,\ x \leqslant x_A + a + r\} \\
&\Omega_C = \{(x, y) \mid (x-x_A-a)^2+(y-y_A-b)^2 \geqslant r^2,\ y \leqslant y_A + b + r, \\
&\qquad x \leqslant x_A + a + r\} \\
&\Omega_D = \{(x, y) \mid (x-x_A)^2+(y-y_A-b)^2 \geqslant r^2,\ y \leqslant y_A + b + r,\ x_A - r \leqslant x\}
\end{aligned}\right\} \tag{2.23}
$$

如果是正方形障碍物,则取边长 $a = b$ 即可。

(3) 平行四边形障碍物禁区的解析表达式。如图 2.9 所示,设平行四边形 $ABCD$ 的左下和左上顶点坐标分别为 $A(x_A, y_A)$, $B(x_B, y_B)$,其余两个顶点的坐标分别为 $C(x_C, y_C)$, $D(x_D, y_D)$,根据式(2.11)和式(2.12)可以求得切点 E、F、G、H 的坐标,分别记作 $E(x_E, y_E)$, $F(x_F, y_F)$, $G(x_G, y_G)$, $H(x_H, y_H)$,则切线 EF、GH 的直线方程分别为

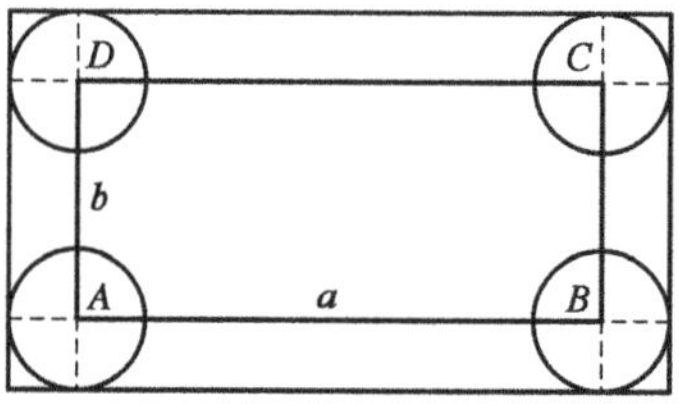

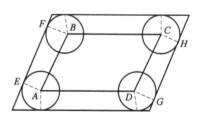

图 2.9 平行四边形障碍物

$$
\left.\begin{aligned}
y &= \frac{y_E-y_F}{x_E-x_F}(x-x_F)+y_F \\
y &= \frac{y_G-y_H}{x_G-x_H}(x-x_H)+y_H
\end{aligned}\right\} \tag{2.24}
$$

于是平行四边形障碍物禁区可表示为

$$\Omega_N = \Omega_0 - (\Omega_A \cup \Omega_B \cup \Omega_C \cup \Omega_D) \tag{2.25}$$

其中

$$\Omega_0 = \left\{ (x, y) \,\middle|\, y_A - r < y < y_B + r, \; y < \frac{y_E - y_F}{x_E - x_F}(x - x_F) + y_F, \right.$$

$$\left. y > \frac{y_G - y_H}{x_G - x_H}(x - x_H) + y_H \right\}$$

$$\Omega_A = \left\{ (x, y) \,\middle|\, (x - x_A)^2 + (y - y_A)^2 \geqslant r^2, \right.$$

$$\left. y \leqslant \frac{y_E - y_F}{x_E - x_F}(x - x_F) + y_F, \; y \geqslant y_A - r \right\}$$

$$\Omega_B = \left\{ (x, y) \,\middle|\, (x - x_B)^2 + (y - y_B)^2 \geqslant r^2, \right.$$

$$\left. y \leqslant \frac{y_E - y_F}{x_E - x_F}(x - x_F) + y_F, \; y \leqslant y_B + r \right\}$$

$$\Omega_C = \left\{ (x, y) \,\middle|\, (x - x_C)^2 + (y - y_C)^2 \geqslant r^2, \right.$$

$$\left. y \geqslant \frac{y_G - y_H}{x_G - x_H}(x - x_H) + y_H, \; y \leqslant y_B + r \right\}$$

$$\Omega_D = \left\{ (x, y) \,\middle|\, (x - x_D)^2 + (y - y_D)^2 \geqslant r^2, \right.$$

$$\left. y \geqslant \frac{y_G - y_H}{x_G - x_H}(x - x_H) + y_H, \; y \geqslant y_A - r \right\}$$

$$\tag{2.26}$$

（4）圆形障碍物禁区的解析表达式。设圆心坐标为 $O(x_0, y_0)$，半径为 R，圆形障碍物禁区可表示为

$$\Omega_0 = \{(x, y) \mid (x - x_0)^2 + (y - y_0)^2 < (R + r)^2\} \tag{2.27}$$

（5）机器人可行区域。设平面区域的静态障碍物一共有 n 个，各个障碍物禁区为 Ω_i，$i = 1, 2, \cdots, n$，则机器人行走禁区为 $\bar{\Omega} = \bigcup_{i=1}^{n} \Omega_i$。

设机器人活动场景范围为 $\hat{\Omega}$，则 $\hat{\Omega} = \{(x, y) \mid 0 \leqslant x \leqslant 800, 0 \leqslant y \leqslant 800\}$；设机器人的可行区域为 Ω，则 $\Omega = \hat{\Omega} - \bar{\Omega}$。

（6）机器人可行路径。设机器人某一段行走路径（直线段或圆弧）构成的点集为 A，若 $A \supset \Omega$，则称该路径为可行路径。

2.1.3.3　最短路径模型

根据机器人行走目标点个数不同，分为单目标点和多目标点分别来讨论。

1）单目标点的最短路径模型

建模思路：从出发点到目标点存在多条可行路径，每一条可行路径由若干直线段和

若干圆弧组成,经过统计汇总各条路径的长度,再比较就可以找到最短长度的可行路径。

(1)模型建立。根据假设(1)~(3),可以设计若干条可能的最短可行路径。设机器人从出发点到目标点有 m 条可行路径 l_1, l_2, $\cdots$, l_m,第 i 条可行路径 l_i 由 k_i 条直线段长度 a_i 和 h_i 条圆弧长度 b_i 组成,则第 i 条可行路径 l_i 的总长度为

$$f_i = \sum_{i=1}^{ki} a_i + \sum_{i=1}^{hi} b_i \quad (i=1, 2, \cdots, m) \tag{2.28}$$

将 f_i 从小到大排序,选出最小的 f_i,所对应的路径 l_i,就是最短路径。

根据假设(4)~(6),相应的行走时间为

$$t = \frac{\sum_{i^*=1}^{ki^*} a_i^*}{v_0} + \frac{\sum_{i^*=1}^{hi^*} b_i^*}{v(r)} \tag{2.29}$$

式中, $v(r) = \dfrac{v_0}{1+e^{10-0.1r^2}}$, r 为转弯半径。

(2)模型求解。从 $O \rightarrow A$ 有多条可行路径:经过计算和筛选,最短路径如图 2.10 所示,最短距离为 471.037 2,行走时间为 96.017 6 s,其余结果见表 2.3。

从 $O \rightarrow B$ 有多条可行路径:经过计算和筛选,最短路径如图 2.10 所示,最短距离为 853.700 1,行走时间为 156.809 0 s,其余结果见表 2.4。

从 $O \rightarrow C$ 有多条可行路径:经过计算和筛选,最短路径如图 2.10 所示,最短距离为 1 088.195 2,行走时间为 213.295 8 s,其余结果见表 2.5。

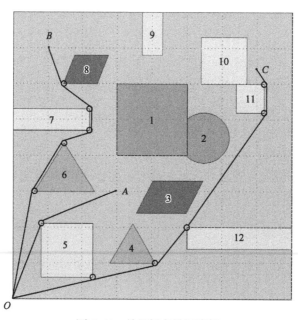

图 2.10 单目标点最短路径

表 2.3　*OA* 的最短路径

序　号	行走路线	端 点 坐 标	圆心坐标	半　径	路　程
1	起点	(0, 0)			
2	直线	(70. 506 0, 213. 140 6)			224. 499 4
3	圆弧	(76. 606 4, 219. 406 6)	(80, 210)	10	9. 051 0
4	终点	(300, 300)			237. 486 8

表 2.4　*OB* 的最短路径

序　号	行走路线	端 点 坐 标	圆心坐标	半　径	路　程
1	起点	(0, 0)			
2	直线	(50. 135 3, 301. 639 6)			305. 777 7
3	圆弧	(51. 679 5, 305. 547 0)	(60, 300)	10	4. 233 0
4	直线	(141. 679 5, 440. 547 0)			162. 249 8
5	圆弧	(147. 962 1, 444. 790 1)	(150, 435)	10	7. 775 6
6	直线	(222. 037 9, 460. 209 9)			75. 663 7
7	圆弧	(230, 470)	(220, 470)	10	13. 655 7
8	直线	(230, 530)			60
9	圆弧	(225. 496 7, 538. 353 8)	(220, 530)	10	9. 888 3
10	直线	(144. 503 3, 591. 646 2)			96. 953 6
11	圆弧	(140. 691 6, 596. 345 8)	(150, 600)	10	6. 147 4
12	终点	(100, 700)			111. 355 3

表 2.5　*OC* 的最短路径

序　号	行走路线	端 点 坐 标	圆心坐标	半　径	路　程
1	起点	(0, 0)			
2	直线	(232. 114 9, 50. 226 2)			237. 486 8
3	圆弧	(232. 169 3, 50. 238 1)	(230, 60)	10	0. 055 7
4	直线	(412. 169 3, 90. 238 1)			184. 390 9
5	圆弧	(418. 344 8, 94. 489 7)	(410, 100)	10	7. 685 2
6	直线	(491. 655 2, 205. 510 3)			133. 041 3
7	圆弧	(492. 062 3, 206. 082 2)	(500, 200)	10	0. 702 1
8	直线	(727. 937 7, 513. 917 8)			387. 814 4

序　号	行走路线	端 点 坐 标	圆心坐标	半　径	路　程
9	圆弧	(730, 520)	(720, 520)	10	6.538 1
10	直线	(730, 600)			80
11	圆弧	(727.717 8, 606.358 9)	(720, 600)	10	6.891 6
12	终点	(700, 640)			43.589

2) 多目标点的最短路径模型

建模思路：在多目标点的最短路径模型中，机器人需要依次经过若干中间目标点。根据假设(7)，机器人不能折线转弯，故需要确定机器人在绕过中间目标点的转弯圆弧的圆心和半径。根据中间目标点转弯圆弧与相邻两障碍物顶点圆弧的公切线类型的不同，需要分 3 种情况讨论。

已知点 $A(x_A, y_A)$ 为中间目标点，机器人从某障碍物顶点 $B(x_B, y_B)$ 出发绕过 A 点到达另一个障碍物顶点 $C(x_C, y_C)$，需要确定绕过 A 点的圆弧圆心和半径。设该圆心为 $D(x_D, y_D)$，半径为 r_D，根据假设(8)，$r_D \geqslant r$。机器人绕过 A 点的公切线分别为 EF 和 GH，它们的坐标分别为 $E(x_E, y_E)$，$F(x_F, y_F)$，$G(x_G, y_G)$，$H(x_H, y_H)$，根据公切线的类型不同，分以下 3 种情况讨论。

(1) 同时外切。在图 2.11 中，EF、GH 都是外公切线。

根据式(2.13)和式(2.14)可得切线长度 $|EF|$、$|GH|$ 和 θ_E, θ_G，设 $\angle BDC = \alpha$，则根据向量夹角余弦公式，得

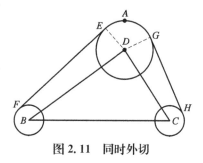

图 2.11　同时外切

$$\alpha = \arccos \frac{\overrightarrow{DB} \times \overrightarrow{DC}}{|\overrightarrow{DB}| \times |\overrightarrow{DC}|} \quad (2.30)$$

圆弧长度为

$$|\widehat{EG}| = r_D(2\pi - \alpha - \theta_E - \theta_G) \quad (2.31)$$

根据机器人路径最短的目标，得目标函数为

$$\min f = |\overrightarrow{EF}| + |\overrightarrow{GH}| + |\widehat{EG}| \quad (2.32)$$

下面分析约束条件。根据点 A 在圆 D 上，得

$$(x_A - x_D)^2 + (y_A - y_D)^2 = r_D^2 \quad (2.33)$$

半径约束为 $r_D \geqslant r$，$|BD| > r_D - r$，$|CD| > r_D - r$，汇总，得 $\min f = |\overrightarrow{EF}| +$

$|\overline{GH}|+|\overparen{EG}|$。

$$\left.\begin{array}{l}(x_A-x_D)^2+(y_A-y_D)^2=r_D^2\\ r_D\geqslant r\\ \text{s.t.}\ |BD|=r_D-r\\ |CD|=r_D-r\\ x_D,y_D,r_D\geqslant 0\end{array}\right\} \qquad (2.34)$$

(2) 同时内切。在图 2.12 中，EF、GH 都是内公切线。

根据式(2.17)和式(2.18)可得切线长度$|EF|$、$|GH|$和θ_E，θ_G，优化模型为 $\min f=|\overline{EF}|+|\overline{GH}|+|\overparen{EG}|$。

$$\left.\begin{array}{l}(x_A-x_D)^2+(y_A-y_D)^2=r_D^2\\ r_D\geqslant r\\ \text{s.t.}\ |BD|=r_D+r\\ |CD|=r_D+r\\ x_D,y_D,r_D\geqslant 0\end{array}\right\} \qquad (2.35)$$

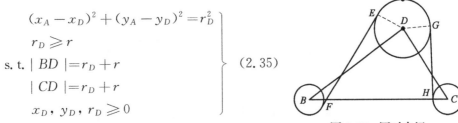

图 2.12　同时内切

(3) 外切和内切同时存在。在图 2.13a 中，EF 是外公切线，GH 是内公切线。

根据式(2.13)和式(2.14)可得切线长度$|EF|$和θ_E，根据式(2.17)和式(2.18)可得切线长度$|GH|$和θ_G，优化模型为 $\min f=|\overline{EF}|+|\overline{GH}|+|\overparen{EG}|$，使得

$$\left.\begin{array}{l}(x_A-x_D)^2+(y_A-y_D)^2=r_D^2\\ r_D\geqslant r\\ |BD|=r_D-r\\ |CD|=r_D+r\\ x_D,y_D,r_D\geqslant 0\end{array}\right\} \qquad (2.36)$$

在图 2.13b 中，EF 是内公切线，GH 是外公切线。

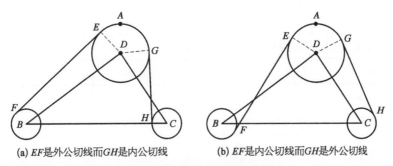

(a) EF是外公切线而GH是内公切线　　　(b) EF是内公切线而GH是外公切线

图 2.13　外切和内切同时存在

根据式(2.17)和式(2.18)可得切线长度$|\overline{EF}|$和θ_E,根据式(2.12)和式(2.13)可得切线长度$|\overline{GH}|$和θ_G,优化模型为$\min f = |\overline{EF}| + |\overline{GH}| + |\overset{\frown}{EG}|$。 使得

$$
\left.
\begin{array}{l}
(x_A - x_D)^2 + (y_A - y_D)^2 = r_D^2 \\
r_D \geqslant r \\
|BD| = r_D + r \\
|CD| = r_D - r \\
x_D, y_D, r_D \geqslant 0
\end{array}
\right\}
\tag{2.37}
$$

(4) 模型求解。从 $O \rightarrow A \rightarrow B \rightarrow C \rightarrow O$ 有多条可行路径,经过计算和筛选,最短路径如图 2.14 所示,最短距离为 2 732.727 5,行走时间为 522.245 0 s,其余结果见表 2.6。

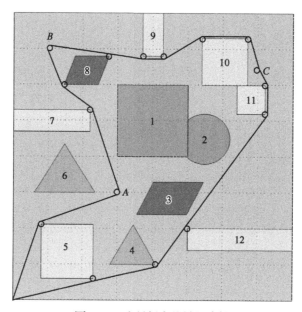

图 2.14　多目标点的最短路径

表 2.6　*OABCO* 的最短路径

序　号	行走路线	端点坐标	圆心坐标	半　径	路　程
1	起点	(0, 0)			
2	直线	(70.506 0, 213.140 6)			224.499 4
3	圆弧	(76.730 8, 219.450 5)	(80, 210)	10	9.182 9
4	直线	(294.154 6, 294.663 4)			230.065 4
5	圆弧	(300.426 7, 307.108 1)	(220, 530)	10	15.418 3
6	直线	(229.541 2, 532.994 1)			236.747 2
7	圆弧	(225.496 7, 538.353 8)	(220, 530)	10	6.847 5

续　表

序　号	行走路线	端 点 坐 标	圆心坐标	半　径	路　程
8	直线	(144.503 3, 591.646 2)			96.953 6
9	圆弧	(140.856 5, 595.950 7)	(150, 600)	10	5.719 3
10	直线	(99.086 1, 690.269 7)			103.154 4
11	圆弧	(109.111 3, 704.280 0)	(108, 2 296, 694, 3 190)	10	20.759 8
12	直线	(270.881 7, 689.961 1)			162.402 9
13	圆弧	(272, 689.798 0)	(270, 680)	10	1.130 7
14	直线	(368, 670.202 0)			97.979 6
15	圆弧	(370, 670)	(370, 680)	10	2.013 6
16	直线	(430, 670)			60
17	圆弧	(435.587 8, 671.706 8)	(430, 680)	10	5.929 1
18	直线	(534.412 2, 738.293 2)			119.163 8
19	圆弧	(540, 740)	(540, 730)	10	5.929 1
20	直线	(670, 740)			130
21	圆弧	(679.913 3, 731.313 8)	(670, 730)	10	14.390 4
22	直线	(690.867 6, 648.655 7)			83.380 8
23	圆弧	(693.464 3, 643.152 9)	(700, 7 810, 649, 9 695)	10	6.182 7
24	直线	(727.937 7, 513.917 8)			49.662 0
25	圆弧	(730, 600)	(720, 600)	10	7.500 2
26	直线	(730, 520)			80
27	圆弧	(727.937 7, 513.917 8)	(720, 520)	10	6.538 1
28	直线	(492.062 3, 206.082 2)			387.814 4
29	圆弧	(491.655 2, 205.510 3)	(500, 200)	10	0.702 1
30	直线	(418.344 8, 94.489 7)			133.041 3
31	圆弧	(412.169 3, 90.238 1)	(410, 100)	10	7.685 2
32	直线	(232.169 3, 50.238 1)			184.390 9
33	圆弧	(232.114 9, 50.226 2)	(230, 60)	10	0.057 7
34	终点	(0, 0)			237.486 8

2.1.3.4　最速路径模型

由于转弯半径越大,行走速度越大,行走时间越小,但行走路径也越大,所以路径最短与时间最短是互相矛盾的,机器人沿着最短路径行走所用的时间不一定是最少的。

建模思路:将直线段路径总和除以直线段速率得到直线段时间总和,将转弯路径总和除以转弯速率得到转弯时间总和,这两个时间总和再相加,得到总时间,作为目标函数求最小值即可确定行走路径,这里只讨论单目标点的最速路径模型。

1) 模型建立

如图 2.15 所示,设点 $O(x_O, y_O)$,$A(x_A, y_A)$,点 $C(x_C, y_C)$ 为障碍物 5 的左上顶点,机器人转弯圆弧的圆心为 $B(x_B, y_B)$,半径为 ρ,机器人沿着转弯圆弧从障碍物 5 左上顶点绕过,到达目标点 A。设切线分别为 OD 和 AE,切点坐标分别为 $D(x_D, y_D)$,$E(x_E, y_E)$,切线长度分别为 $|OD|$,$|AE|$,转弯圆弧长度为 $|DE|$。

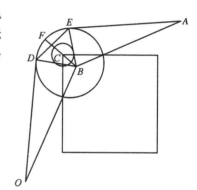

图 2.15 最速路径模型

根据式(2.9),得

$$\theta_D = \arccos\frac{\rho}{|\overrightarrow{BO}|}, \quad \theta_E = \arccos\frac{\rho}{|\overrightarrow{BA}|}$$

根据式(2.8),得

$$\begin{pmatrix} x_D \\ y_D \end{pmatrix} = \begin{pmatrix} x_B \\ y_B \end{pmatrix} + \begin{pmatrix} \cos\theta_D & \sin\theta_D \\ -\sin\theta_D & \cos\theta_D \end{pmatrix} \begin{pmatrix} x_O - x_B \\ y_O - y_B \end{pmatrix} \cos\theta_D$$

$$\begin{pmatrix} x_E \\ y_E \end{pmatrix} = \begin{pmatrix} x_B \\ y_B \end{pmatrix} + \begin{pmatrix} \cos\theta_E & -\sin\theta_E \\ \sin\theta_E & \cos\theta_E \end{pmatrix} \begin{pmatrix} x_A - x_B \\ y_A - y_B \end{pmatrix} \cos\theta_E$$

$$|DE| = \sqrt{(x_D - x_E)^2 + (y_D - y_E)^2}。$$

根据式(2.10),得

$$|OD| = \rho\tan\theta_D, \quad |AE| = \rho\tan\theta_E$$

转弯圆弧长度为

$$|\overset{\frown}{DE}| = 2\rho\arcsin\frac{|DE|}{2\rho}$$

目标函数为最短行走时间,即 $\min t = \dfrac{|OD| + |AE|}{v_0} + \dfrac{|\overset{\frown}{DE}|}{v(\rho)}$,其中,$v(\rho) = \dfrac{v_0}{1 + \mathrm{e}^{10 - 0.1\rho^2}}$。

下面分析约束条件。

根据 2.1.3.1 节下假设(9),机器人转弯半径至少为 r,得

$$\rho - \sqrt{(x_B - x_C)^2 + (y_B - y_C)^2} \geqslant r$$

点 D、E 在圆 B 上,即

$$\sqrt{(x_D-x_B)^2+(y_D-y_B)^2}=\rho^2,\quad \sqrt{(x_E-x_B)^2+(y_E-y_B)^2}=\rho^2$$

汇总,得

$$\min t=\frac{|OD|+|AE|}{v_0}+\frac{|\widehat{DE}|}{v(\rho)}$$

$$\text{s.t.}\quad \left.\begin{array}{l}\rho-\sqrt{(x_B-x_C)^2+(y_B-y_C)^2}\geqslant r\\ \sqrt{(x_D-x_B)^2+(y_D-y_B)^2}=\rho^2\\ \sqrt{(x_E-x_B)^2+(y_E-y_B)^2}=\rho^2\\ x_B,y_B,\rho\geqslant 0\end{array}\right\} \tag{2.38}$$

2) 模型求解

将已知条件代入式(2.35),使用 LINGO 软件求解,得最短时间为 94.23 s,总路程为 471.129 0,其余结果见表 2.7。

表 2.7　$O{\to}A$ 的最速路径

序号	行走路线	端点坐标	圆心坐标	半　径	路　程
1	起点	(0, 0)			
2	直线	(69.804 5, 211.977 9)			223.175 5
3	圆弧	(77.749 2, 220.138 7)	(82.141 4, 207.915 3)	12.988 5	11.789 9
4	终点	(300, 300)			236.163 6

2.1.4　案例总结

1) 灵敏度分析

机器人直线行走的最大速度 $v_0=5$ 是个常数,需要分析其灵敏度。这里以最速路径模型为例,分析结果见表 2.8。从表 2.8 可知,当 v_0 变化 1% 时,行走时间变化很小,即行走时间对 v_0 的灵敏度很小。

表 2.8　最速路径模型的灵敏度分析

$\Delta v_0/\%$	0	1	−1
最短时间/s	94.23	94.20	94.25

2) 模型优点

(1) 使用向量变换和单指标优选方法解决机器人避障问题,方法简单,模型简约,计

算结果也精确。

（2）使用模型优化寻找中间目标点所在圆的圆心和半径，避免了机器人折线转弯。

（3）推荐了针对单目标点和多目标点的最短路径模型的两种自动搜索算法，避免了人工干预问题。

3）模型缺点

对多目标点的最速路径模型没有建立自动搜索算法。

4）模型推广

建立的模型可以推广到消防车、急救车等车辆的最短路径和最速路径的选择问题中。

2.2　神经网络控制在工业机械臂的应用

2.2.1　问题提出

工业机械臂在物料运输及自动化生产线等实际生产环境中作为替代人进行工序操作的应用越来越广泛。由于各类物件的多样性和不规范性，使得机械臂在工作运行过程中需要进行多个方位的控制，这就增加了控制系统的多样化和非线性化，难以利用传统的控制形式完成控制。因此，本案例采用神经网络可以对非线性系统和模型不确定性系统能够很好地解决上述问题。

2.2.2　模型建立

2.2.2.1　机器人的动力学描述

依据拉格朗日（Lagrangian）公式，对机器人建立的动力学方程表述如下：

$$D(q)\ddot{q}(\dot{q}) + g(q) = u(t) \tag{2.39}$$

式中　$q \in R_n$ ——机械臂的位形变集合；

$u(t) \in R_n$ ——机械臂的关节输入的扭矩向量；

$D(q) \in R_n \times n$ ——机械臂的惯性矩阵；

$h(q, \dot{q}) \in R_n$ ——机械臂的哥氏力向量和离心力；

$g(q) \in R_n$ ——机械臂的重力作用向量。

定义状态向量 $x = [x_1^{\mathrm{T}}, x_2^{\mathrm{T}}]^{\mathrm{T}} = [q^{\mathrm{T}}, \dot{q}^{\mathrm{T}}]^{\mathrm{T}}$，系统的状态方程表述如下：

$$x(K+1) = Wx(K) + R[X(K)]u(K) + s[x(K)] \tag{2.40}$$

式中　$W = \begin{bmatrix} 0 & IN \\ 0 & I0 \end{bmatrix}$;

$$R[X(K)] = \begin{bmatrix} 0 \\ D^{-1}(q) \end{bmatrix};$$

$$s(x(k)) = \begin{bmatrix} 0 \\ -D^{-1}(q)[h(q,\dot{q})+g(q)] \end{bmatrix}.$$

选取终端变量作为输出，输出方程表达式为

$$y(k) = x(k) \tag{2.41}$$

2.2.2.2　自适应控制神经网络学习算法及实现

对 NNI 首先进行离线辨识，运行一定程度后，再采用在线学习的方式，以达到加快学习过程的目的，具体如图 2.16 所示。

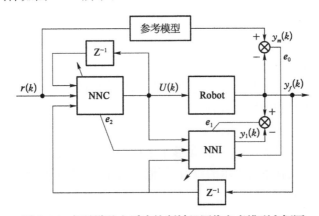

图 2.16　机械臂的自适应控制神经网络参考模型方框图

在该过程中，NNI 把 e_1 的值反传回各自身的神经元，进行权值的修正；NNI 在误差 e_0 通过后，可以经过运算计算出 e_2，再进行 NNC 的权值修正。

参考模型是一个稳定的线性定常系统：

$$y_m(k+1) = A_m yd(k) + B_m r(k) \tag{2.42}$$

式中　$A_m = \begin{bmatrix} 0 & 1 \\ -\wedge_1 & -\wedge_2 \end{bmatrix}$;

$B_m = \begin{bmatrix} 0 \\ \wedge_1 \end{bmatrix}$;

$\wedge_1$ 和 $\wedge_2$——含有 ω_i 项和 $2\xi_i\omega_i$ 项的 $n \times n$ 对角矩阵。

误差表示用 $E_i(i=0,1)$，NNI 和 NNC 的算法如下。

NNC 的整定指标：

$$E_0 = \frac{1}{2}e_0^2(k) = \frac{1}{2}[y_m(k) = y_f(k)]^2 \tag{2.43}$$

NNC 的学习算法可以得到

$$\Delta w_i^C = -\eta^C \frac{\partial E_0(k)}{\partial W_i^C(k)} = -\eta^C \frac{\partial E_0(k)}{\partial y_1(k)} \frac{\partial y_1(k)}{\partial u(k)} \frac{\partial u(k)}{\partial W_i^C(k)} = \eta^C e_0(k) \frac{\partial y_1(k)}{\partial u(k)} O_i$$

(2.44)

NNI 的整定指标：

$$E_1 = \frac{1}{2} e_1^2(k) = \frac{1}{2} \left[y_f(k) = y_1(k) \right]^2$$

(2.45)

和 NNC 的求取方法一样，可得

$$\Delta w_i^I = -\eta^I \frac{\partial E^I(k)}{\partial w_i^I(k)} = -\eta^I \frac{\partial E^I(k)}{\partial y_1(k)} \frac{\partial y_1(k)}{\partial u(k)} \frac{\partial u(k)}{\partial w_i^I(k)} = \eta^I e_1(k) \frac{\partial y_1(k)}{\partial u(k)} O_i^I$$

(2.46)

为了完成上述计算过程，可以分为以下步骤：

(1) 自动从片外的权值存储器读出初始权值、阈值至片内权值的各个 RAM。

(2) 前向网络开始计算，并输出个节点的结果。

(3) 反传和更新模块接收各节点的计算结果，计算出误差和修正后的权值、阈值。

(4) 判断误差大小和训练次数。

(5) 修正后的权值、阈值写入各个 RAM。

(6) 重复第(1)至(5)步，直至误差足够小或达到指定训练次数。

(7) 将训练好的复合系统需求的权值、阈值存入片外权值存储器备用。

2.2.3 模型求解

选用杆长 $1.0\,\text{m}$，杆重 $10\,\text{kg}$，杆件质心作为质量集中点的平面二连杆关节型机器人进行仿真研究。$\omega = \begin{bmatrix} 0.6 & 0.6 & 0.6 \end{bmatrix}^{\mathrm{T}}$，$\xi = \begin{bmatrix} 1 & 1 & 1 \end{bmatrix}^{\mathrm{T}}$ 为控制系统的参考模型。输入参考数据为

$$r_1(k) = 0.5 \left[\sin(k) + \sin(2k) \right]$$

(2.47)

$$r_2(k) = 0.5 \left[\sin(0.8k) + \cos(1.5k) \right]$$

(2.48)

以不同隐含层节点数进行了仿真测试，测试标明，当选取的节点数过少时，数据样本不能被拟合，跟踪精度低。当选取的节点多时，降低了网络的泛化能力，增长了辨识时间。为防止振荡，选择 $6 \times 12 \times 2$ 作为 NNC 的网络结构，选 $4 \times 10 \times 2$ 作为 NNI 的网络结构，$\eta = 0.15$ 为网络的学习速率，选取 $[-0.01, 0.01]$ 随机数作为网络的初始权值。

设定外界扰动设置为：当 $t \leqslant 10$ 时，$\Delta x = 0$；当 $t > 10$ 时，$\Delta x = 0.2r_1 + 0.05r_2$。采用增加动量项算法的关节角误差曲线如图 2.17 所示。当存在外界冲击干扰时轨迹跟踪误差曲线如图 2.18 所示。通过测试图形得到，系统在受到外界干扰后，有误差波动出现，但经过偏差修正后，系统又处于稳定状态。经过采用上述方法进行多次验证后，系统都能最终返回到稳定状态，说明该系统具有较强的自适应能力。

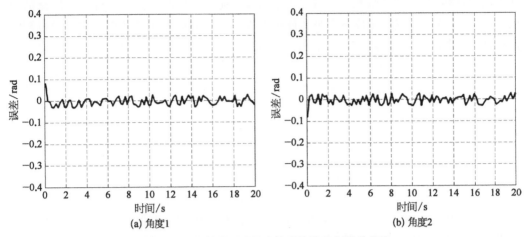

图 2.17　采用增加动量项算法的关节角误差曲线

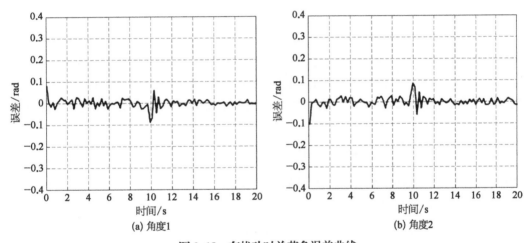

图 2.18　有扰动时关节角误差曲线

2.2.4　案例总结

　　本案例主要对神经网络在机械臂的动力学控制方面进行了初步的探索研究,提出一种基于 BP 神经网络的机械臂自适应参考模型控制方案。仿真结果表明,此控制方案使工业机械臂系统能适应由模型不确定性和外界干扰所产生的未知变化。

2.3　微机械陀螺温度特性及其补偿算法研究

2.3.1　问题提出

　　陀螺仪又称角速度计,可以用来检测旋转的角速度和角度。截至目前,传统的机械式陀螺、精密光纤陀螺和激光陀螺等已经在航空、航天或其他军事领域得到了广泛的应用。然而,这些陀螺仪由于成本太高和体积太大而不适合应用于消费电子中。微机械陀螺仪是 20 世纪 80 年代发展起来的一种以硅的微机械加工技术为基础,并与微机电系统相结合的新一代陀螺。由于内部无需集成旋转部件,而是通过一个由硅制成的振动的微机械部件来检测角速度,因此微机械陀螺仪非常容易小型化和批量生产,具有成本低和体积小等特点。近年来,微机械陀螺仪在很多应用中受到密切的关注,例如,陀螺仪配合微机械加速度传感器用于航空航天、地质勘探、医学、汽车工业以及机器人等领域,具有广阔的应用价值和前景。

微机械陀螺的主要材料为硅,这是一种热敏材料,受温度影响较大。另外,信号处理电路的元器件也会产生较大的干扰热噪声,这是由于其内载流子的不规则热运动使整个处理电路产生较大的温漂。由于在当前阶段下,微机械陀螺的制造工艺和技术在短期内很难大幅度提高,所以温度补偿对于微机械陀螺来说是非常重要的。

2.3.2 模型建立

工作温度的变化会改变硅微机械陀螺结构,材料尺寸以及材料弹性模量都会受到温度的影响。材料尺寸的改变对微机械陀螺性能的影响较小,在这里忽略其影响,讨论将重点放在对于材料弹性模量的分析上。这种变化会改变系统弹性系数,而系统弹性系数的变化又会影响陀螺的谐振频率,导致陀螺谐振频率发生漂移。材料弹性模量与温度的变化关系可用式(2.49)表示:

$$E(T) = E_0 - E_0 k_{ET}(T - T_0) \tag{2.49}$$

式中 $E(T)$——硅材料在温度为 T 时的弹性模量;

E_0——硅材料在温度为 T_0 时的弹性模量,$T_0 = 300\,\mathrm{K}$;

k_{ET}——硅材料弹性模量温度变化系数,其值在 $2.5 \times 10^{-7} \sim 7.5 \times 10^{-7}$ 之间,可取均值 5×10^{-7}。

而系统弹性系数与弹性模量成正比,即

$$K = K_0[1 - k_{ET}(T - T_0)] \tag{2.50}$$

式中 K——温度为 T 时的系统弹性系数;

K_0——温度为 T_0 时的系统弹性系数。

由此得到陀螺谐振频率与温度的关系

$$w(T) = \sqrt{K/m} = \sqrt{K_0[1 - k_{ET}(T - T_0)]/m} \tag{2.51}$$

式中 $w(T)$——温度为 T 时的陀螺谐振频率;

m——检测质量块质量。

在温度 T_0 附近的小范围内时,式(2.51)可以线性近似为

$$w(T) = w(T_0)[1 - 0.5 k_{ET}(T - T_0)] \tag{2.52}$$

陀螺谐振频率的漂移,对陀螺驱动模态和检测模态都有影响,陀螺信号的振幅和相位将会随谐振频率而改变。

对某型号的陀螺进行多次重复试验,记录从陀螺开机至稳定,无输入情况下陀螺温度传感器与陀螺输出的数据值。实验中采样间隔为 1 s。

图 2.19 与图 2.20 所示分别为微机械陀螺线圈轴处温度传感器输出的温度数据以及陀螺轴向输出变化曲线。

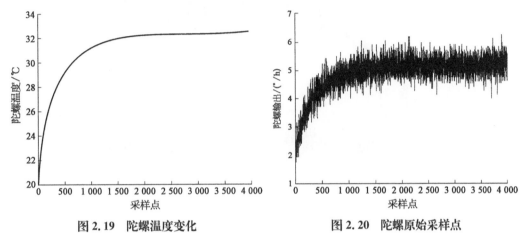

<table>
<tr><td>图 2.19　陀螺温度变化</td><td>图 2.20　陀螺原始采样点</td></tr>
</table>

从图 2.19 中可以看出,在连续工作一段时间以后,陀螺自身发热已基本上达到平衡,这证明了连续工作 4 000 s 所得的样本能完全包含陀螺的自身发热过程。而从图 2.20 中也可以看出,随着时间的变化,微机械陀螺的输出产生了一定程度的漂移。

2.3.3　模型求解

2.3.3.1　多项式补偿

由图 2.19 和图 2.20 也可以看出,陀螺温度与陀螺原始输出具有一定的线性关系,但并非完全线性,因此可以首先选择利用最小二乘法建立多项式二次模型来进行补偿。

温度模型如下:

$$B(T) = a_n T^n + a_{n-1} T^{n-1} + , \cdots, + a_1 T + a_0 \tag{2.53}$$

利用上述模型,对温度实验中得出的数据 $\{U(t_i), t_i \mid i = 1, 2, \cdots, n\}$ 应用最小二乘法建立误差多项式。确定模型中的系数 $a_i (i = 1, 2, \cdots, n)$。并且 $a_i (i = 1, 2, \cdots, n)$ 使得均方和误差 $\sum n_i = [U(t_i) - B(t_i)]^2$ 取得极小值。经过解算后,得到如下补偿多项式:

$$B(T) = -0.000\,283 T^2 + 0.021\,761 T + 0.143\,39 \tag{2.54}$$

式中　$B(T)$——陀螺输出补偿量;

T——温度。

补偿后输出 $U_c(T_i)=U(T_i)-B(T_i)$,曲线如图 2.21 所示。由上述论述可以看出,多项式补偿方法较为简单,而且取得了一定的效果。

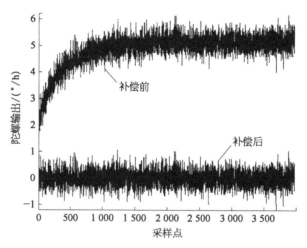

图 2.21　补偿前后陀螺输出曲线

2.3.3.2　BP 神经网络补偿

BP(back propagation)网络由 Rumelhart 和 McCelland 于 1986 年提出,是一种多层前馈网络,按误差逆传播算法进行训练。BP 网络在无须事前揭示描述这种映射关系的数学方程的情况下,能够学习和存储大量的输入-输出模式映射关系。它的学习规则是通过网络的反向传播来不断调整网络的权值和阈值,使输出误差最小。BP 神经网络结构包括输入层(input)、隐层(hidelayer)和输出层(output layer)。每层节点的输出只影响下一层节点。各层节点的传递函数通常为双曲(tansigmoid、logsigmoid)函数,输出层节点的传递函数一般为纯线性函数(pureline)。BP 网络模型的结构如图 2.22 所示。

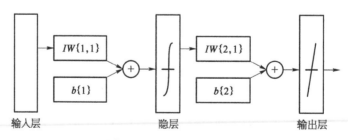

图 2.22　BP 网络模型结构

在图 2.22 中,$IW\{1,1\}$、$b\{1\}$ 表示隐层 3 个神经元的权值、阈值;$IW\{2,1\}$、$b\{2\}$ 表示输出层神经元的权值、阈值。

在建立 BP 神经网络时,本案例中使用了 3 层神经网络模型,这是因为根据 Kolmogorov 定理,3 层前向神经网络能够模拟任意连续函数,而且能够以任意的精度完成。

同时鉴于训练样本较大,将样本都进行了归一化处理,使样本值范围变为$[-1,1]$,而且在隐层只选用了 3 个神经元,以提高训练的速度。

在隐层的传递函数选择上,使用正切双曲函数(tansig),而输出层则选用纯线性函数(pureline)。

在室温条件下,陀螺从冷却开始上电工作,通过编写上位机程序来测量输出数据。将连续工作 4 000 s 得到的陀螺温度、轴向输出数据作为一个样本,在进行了多次重复实验后,选取其中 2 个样本的温度、陀螺输出,1 个作为训练样本,另外 1 个样本作为验证样本。

利用训练样本对 BP 网络进行训练,各个训练参数设定如下:

net. trainParam. epochs＝2 000;//最大训练步数为 2 000 步

net. trainParam. show＝50;//每训练 50 次,显示一次训练结果

net. trainParam. lr＝0.05;//学习系数为 0.05

net. trainParam. mc＝0.9;//动量因子为 0.9

net. trainParam. goal＝0.01;//期望的误差平方和为 0.01

根据上述设置进行仿真并补偿,得到的结果如图 2.23 所示。

从仿真曲线和结果可以看出,该 BP 网络模型对于自身样本的补偿效果显著,说明该模型对微机械陀螺进行补偿切实可行。

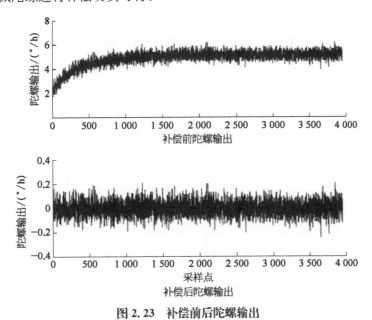

图 2.23　补偿前后陀螺输出

2.3.3.3　算法比较

将 BP 神经网络与最小二乘法补偿后误差方差进行对比,见表 2.9。

表 2.9　神经网络最小二乘法多项式补偿后误差方差对比

算　　法	20℃	25℃	30℃
多项式	1.3×10^{-3}	1.4×10^{-3}	6.8×10^{-3}
BP 网络	4.3×10^{-4}	6.4×10^{-4}	2.4×10^{-4}

根据以上统计结果,采用传统的最小二乘法二阶补偿所得到的误差方差为 1.2×10^{-5},而采用 BP 神经网络补偿得到的误差方差为 2.5×10^{-6},比最小二乘法补偿的误差方差要小很多,因此,其拟合以及补偿的效果都要好于最小二乘多项式拟合。

总结以上两种方法,各自的优缺点如下:

(1) 由表 2.9 可以看出,在一般情况下,多项式补偿误差比神经网络的补偿误差可以大一个数量级。因此在精度上略逊一筹。

(2) 神经网络算法具有很大的随机性,相同的数据、训练参数以及训练次数却可能得到不同的结果,而多项式方法则具备一定的规律性。

(3) 神经网络能够处理那些含有较大非线性甚至随机关系的数据系列,而多项式能较为准确拟合的是曲线的主要趋势。

(4) 由于算法本身的不完善,当温度范围超过测量数据的范围时,用神经网络进行补偿有可能出现较大的误差。

(5) 神经网络则并不依赖精确数学模型,而多项式拟合使用的是精确数学模型,这也使得神经网络算法能够逼近、拟合任意函数,因此也具有更广泛的应用范围。

综上所述,最小二乘法是一种简单且容易实现的方法,一般来说精度可能比神经网络要低,而神经网络算法和结构都较为复杂,训练参数的调整还要依赖经验,因此在应用中存在不少问题。

2.3.4　案例总结

文中在微机械陀螺温度特性机理分析以及大量的实验数据基础上,提出了最小二乘多项式与 BP 神经网络两种模型,并给出了通过多次实验得出的多项式参数、神经网络训练参数等。最后,对两种方法给出了优缺点对比,为微机械陀螺的温度补偿提供了一种参考。

第 3 章

工程案例之传热通风篇

3.1　双层玻璃窗传热问题研究

3.1.1　问题提出

使房子加热是日常预算中较昂贵的部分。如煤、煤气、电等用来加热的燃料成本近些年已明显地增加。将尽可能多的热量保持在居室内是十分重要的。据分析,热量的损失主要是通过墙、窗、屋顶和地面散发出去,将窗户安装成双层玻璃窗是控制热量损失的有效方法之一(图 3.1)。试建立一个模型来描述热量通过窗户的流失过程,并将双层玻璃窗与同样多材料做成的单层玻璃窗的热量流失进行对比,对双层玻璃窗能够减少多少热量损失给出定量分析结果。

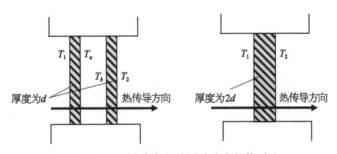

图 3.1　双层玻璃窗和单层玻璃窗传热对比

3.1.2　模型建立

与此问题有关的因素见表 3.1。

表 3.1　影响双层玻璃窗和单层玻璃窗传热性能的相关参数

因　素	类　型	符　号	单　位
双玻内各单层玻璃的厚度(两层玻璃为相同种类)	参数	d	cm
室内温度	变量	T_1	℃
室外温度	变量	T_2	℃
双玻内层玻璃外侧表面温度	变量	T_a	℃
双玻外层玻璃内侧表面温度	变量	T_b	℃
双玻热量损失	变量	Q	J
单玻热量损失	变量	Q'	J
双玻内间隔	参数	l	cm
玻璃的热传导系数	常数	k_1	J/(cm·s·℃)
干空气的热传导系数	常数	k_2	J/(cm·s·℃)

为简化模型,假设:

(1) 热量的传播过程只有传导,没有对流。即假定窗户的密封性能很好,两层玻璃之间的空气是不流动的。

(2) 室内温度 T_1 和室外温度 T_2 保持不变,热传导过程已处于稳定状态。即沿热传导方向,单位时间通过单位面积的热量是常数。

(3) 玻璃材质均匀,热传导系数是常数。

为建立模型,必须找出这个问题所遵从的物理规律。在上面的假设下,由热传导过程所遵从的物理规律可知:单位时间由温度高的一侧向温度低的一侧通过单位面积的热量,与两侧温差成正比,与厚度成反比。于是,对于双层玻璃窗单位时间、单位面积的热量传导

$$Q = k_1 \frac{T_1 - T_a}{d} = k_2 \frac{T_a - T_b}{l} = k_l \frac{T_b - T_2}{d} \tag{3.1}$$

从式(3.1)中消去 T_a、T_b,可得

$$Q = \frac{k_1(T_1 - T_2)}{d(s+2)} \tag{3.2}$$

其中,$s = h \dfrac{k_1}{k_2}$,$h = \dfrac{l}{d}$。

对于厚度为 $2d$ 的单层玻璃,容易写出其热量传导为

$$Q' = \frac{k_1(T_1 - T_2)}{2d} \tag{3.3}$$

两者之比为

$$\frac{Q}{Q'} = \frac{2}{s+2} \tag{3.4}$$

显然 $Q < Q'$。为了得到更具体的结果,需要 k_1 和 k_2 的数据。从有关的数据可知,常用平板玻璃的热传导系数 $k_1 = 4 \times 10^{-3} \sim 8 \times 10^{-3} [\mathrm{J/(cm \cdot s \cdot \text{℃})}]$,不流通、干燥空气的热传导系数 $k_2 = 2.5 \times 10^{-4} [\mathrm{J/(cm \cdot s \cdot \text{℃})}]$,于是 $\dfrac{k_1}{k_2} = 16 \sim 32$。

在分析双层玻璃窗比单层玻璃窗可减少多少热量损失时,做最保守的估计,即取 $\dfrac{k_1}{k_0} = 16$,由式(3.2)、式(3.3)得 $\dfrac{Q}{Q'} = \dfrac{1}{8h+1}$,$h = \dfrac{l}{d}$。

比值 $\dfrac{Q}{Q'}$ 反映了双层玻璃窗在减少热量损失上的功效,它只与 h 有关,当 h 由 0 增加时,$\dfrac{Q}{Q'}$ 迅速下降,而当 h 超过一定值(比如 $h > 4$)后 $\dfrac{Q}{Q'}$ 下降变缓,可见 h 不宜选择过大。

3.1.3　模型应用

这个模型具有一定的应用价值。制作双层玻璃窗因为工艺复杂,会增加一些费用,但它减少的热量损失是相当可观的。通常,建筑规范要求 $h = \dfrac{l}{d} \approx 4$。按照这个模型, $\dfrac{Q}{Q'} \approx 3\%$,即双层玻璃窗比用同样多的玻璃材料制成的单层玻璃节约热量97%左右。不难发现,之所以有如此高的功效主要是由于层间空气极低的热传导系数 k_2,而这要求空气是干燥的,不流通的。作为模型假设的这个条件在事实环境下当然不可能完全满足,所以实际上双层玻璃窗户的功效会比上述结果差一些。

3.2　房屋隔热经济效益问题研究

3.2.1　问题提出

房屋保暖的开支通常较大,特别是近年来世界性的燃料价格上涨更加突出了这一问题。尽可能使房屋保暖是重要的,然而热量往往从墙、窗、屋顶和地板散失。从房屋中损失的热量中,大约有30%是通过墙壁散失的,另外25%通过屋顶散失,还有10%从窗口散失。如果采取一些措施使这些热量留在室内,减少热量的散失,那么用于房屋保暖的燃料消耗就会减少。人们用隔热的方法来减少热量的散失,如用聚苯乙烯塑料球或一种称为尿素甲醛的化学物质填补墙上的空隙,使用有一定间隙的双层玻璃窗,等等。

通常,在新建房屋时对屋顶都采取了一定的隔热措施,如在屋顶上用约 10 cm 的隔热材料。使用这些措施之后,屋顶散失的热量就大为减少。然而对墙和窗往往没有采用专门的隔热措施,墙中的空隙未加填充,窗户仅用 4~6 mm 的单层玻璃。

我们可以用填充隔热墙、双层玻璃窗这两项措施来减少保暖的花费。有的广告宣称,用填充隔热墙节省的热量是采用双层玻璃窗的 5 倍。这个数字是否正确? 根据同样费用所产生的效果相比,哪一措施更好一些? 如果只有能力采取其中一项措施,从投资回收的角度来考虑到底采取哪个措施更好? 这些都是在做决策之前需要回答的问题。为回答这些问题,必须建立恰当的数学模型,进行定量分析。

3.2.2　模型建立

3.2.2.1　问题分析

为比较填充隔热墙和双层玻璃窗这两个房屋隔热措施的经济效果,必须考虑问题的两个不同的方面,即热散失的物理机理和问题涉及的经济效益分析。

首先,找出与这两个方面有关的一些主要因素。与热散失有关的因素有:室内温度、

51

户外温度、对流、传导、辐射、墙面积、窗面积、墙和窗的传热性质,墙和窗的厚度,隔热节省的热量等。经济效益分析需要考虑的因素有:隔热措施的费用,从银行贷款支付的利息,燃料花费,隔热省的费用,双层窗的不同品种,通货膨胀等。还有一些其他因素如舒适性、美观性等就不在考虑之列了。

3.2.2.2 选取关键量并建立关系

虽然热散失的物理分析和隔热的经济效益分析是相互关联的,但作为第一步可以分别考虑热量散失的机理和经济效益的分析,然后再将两者联系起来做综合考虑。

1) 热量散失的机理模型

图 3.2 是热量通过墙或窗传输的物理过程的示意图。其中变量 T 表示温度,单位为℃,T_i 和 T_o 分别表示室内温度和户外温度,T_1 和 T_2 分别表示内侧或外侧墙(或窗)面的温度,Q 表示单位时间通过单位面积散失的热量,热量以焦耳为单位。在图 3.2 描述的过程中,室内邻近墙面的薄层和室外邻近墙面的薄层中由于空气的运动引起对流分别导致温度下降 $T_i - T_1$ 和 $T_2 - T_o$。又由于固体分子的相互碰撞引起热传导,两表面之间温度下降 $T_1 - T_2$。在图 3.2 中,辐射导致的热量散失未加考虑,这是因为辐射引起的热量散失,相对于对流和传导的热散失而言,是非常小的,可以忽略不计。

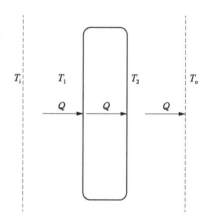

图 3.2 墙(或窗)传热过程示意图

还可假设热量散失不随时间的变化而改变,即达到了稳定的状态。在暖气开放了相当长时间,室内温度保持恒定同时室外气温和风速都无大的改变时,这个假设是合理的。另外还假设通过窗散失的热量是均匀的,即热流速率不随位置的变化而改变。综合起来,主要的假设是:

(1) 辐射传热的影响是可以忽略的。

(2) 单位时间内通过单位面积从墙或窗散失的热量都是与时间和地点无关的常数。

根据传热学知识,物体表面薄层空气对流传热可以用一个简单的线性关系来描述,即在墙(或窗)的内外表面成立:

$$Q = h_1(T_i - T_1) \tag{3.5}$$

$$Q = h_2(T_2 - T_o) \tag{3.6}$$

式中 Q——单位时间通过单位面积传输的热量;

h_1, h_2——对流传热系数,它们的值与墙(或窗)材料的表面性质以及空气流动的速度有关。

由于墙(或窗)两面的温差 $T_1 - T_2$ 引起热传导,单位时间内单位面积传导的热量 Q 与温差 $T_1 - T_2$ 间呈线性关系:

$$Q = \frac{k}{a}(T_1 - T_2) \tag{3.7}$$

式中　k——热传导系数；

　　　a——墙(或玻璃)的厚度。

由于室内靠墙空气薄层对流传给墙面的热量通过热传导传输到墙的外侧,再通过对流传到室外,式(3.5)～式(3.7)中的 Q 取同一值。在此三式中消去 T_1 和 T_2 得

$$\left(\frac{1}{h_1} + \frac{a}{k} + \frac{1}{h_2}\right)Q = (T_i - T_o) \tag{3.8}$$

引入

$$U = \left(\frac{1}{h_1} + \frac{a}{k} + \frac{1}{h_2}\right)^{-1} \tag{3.9}$$

式(3.8)可改写为

$$Q = U(T_i - T_o) \tag{3.10}$$

h_1 和 h_2 的单位是 W/(m² · ℃),k 的单位为 W/(m · ℃),所以 U 的单位是 W/(m² · ℃),U 被称为综合传热系数。对墙和窗,h_1、h_2 和 k 取不同的值,因此,对墙和单层窗,式(3.10)应分别写作

$$Q_B = U_W(T_i - T_o) \tag{3.11}$$

$$Q_G = U_S(T_i - T_o) \tag{3.12}$$

式中　Q_B,Q_G——单位时间通过单位面积的墙或单层窗散失的热量;

　　　U_W,U_S——墙或单层玻璃的综合传热系数。

对常用的单层窗 $h_1 = 10$,$h_2 = 20$,$k = 1$,$a = 0.006$ m,可得它的综合传热系数 $U_S = 6.41$ W/(m² · ℃)。

对于两层玻璃之间有空隙的双层玻璃窗,设每层玻璃厚为 a,玻璃的热传导系数为 k,又设两层玻璃之间空气的对流系数为 h_c,用类似的方法可以得到它的热量散失模型,其形式完全与式(3.10)相同:

$$Q = U_d(T_i - T_o) \tag{3.13}$$

但其综合传热系数为

$$U_d = \left(\frac{1}{h_1} + \frac{2a}{k} + \frac{1}{h_c} + \frac{1}{h_2}\right)^{-1} \tag{3.14}$$

其中玻璃间空隙的对流传热系数 h_c 与空隙的大小有关,可由实验测定。由于 h_c 是正的常数,显然双层窗的综合传热系数比用两倍厚的玻璃做成的单层窗的综合传热系数小,从而因为散失的热量少而达到隔热的效果。

表 3.2 列出了几种墙和窗的综合传热系数。

表 3.2　常见种类墙和窗的综合传热系数

品　　　种	综合传热系数/[W/(m² · ℃)]
实心砖墙	1.92
空心砖墙	0.873
填充隔热墙	0.50
单层玻璃窗	6.41
双层玻璃窗	1.27

现在可以计算采用隔热措施节省的热量。令 A_G 和 A_B 分别表示玻璃窗或外墙的总面积，H_G 和 H_B 分别表示双层窗和填充隔热墙单位时间节省的热量。注意到单位时间通过全部窗口散失的热量应为通过单位面积窗口散失的热量乘窗口的总面积，利用式（3.12)或式(3.13)，单位时间从单层窗或双层窗散失的总热量分别为 $U_s A_G(T_i - T_o)$ 和 $U_d A_G(T_i - T_o)$。因此用双层窗取代单层窗节省的热量为

$$H_G = U_s A_G(T_i - T_o) - U_d A_G(T_i - T_o) \qquad (3.15)$$

设 U_w 和 U_I 分别表示普通墙和填充隔热墙的综合传热系数，同样可得用填充隔热墙代替普通墙节省的热量为

$$H_B = U_w A_B(T_i - T_o) - U_I A_B(T_i - T_o) \qquad (3.16)$$

2) 费用分析

设采用双层玻璃窗和填充隔热墙所需费用分别为 C_G 和 C_B，它们是采取隔热措施的一次性支出。采取隔热措施可以节约热量从而导致燃料费用的节约。设单位热量的费用为 C，令 S_G 和 S_B 分别为双层玻璃窗和填充隔热墙单位时间节省的费用，应有

$$S_G = C H_G \qquad (3.17)$$

$$S_B = C H_B \qquad (3.18)$$

3.2.2.3　建立费用-效益决策模型

为了在两种隔热措施中做出选择，必须进行费用效益分析。首先引入"投资回收期"的概念，即通过投资产生效益回收投资所需的时间。例如用双层窗投资花费了 C_G，但单位时间由于隔热节省燃料产生的效益为 S_G，通过 C_G/S_G 时间节约燃料的收益就抵消了双层窗的投资，投资的费用就回收了。令 P_G 和 P_B 分别表示双层窗和填充墙的投资回收期，即

$$P_G = C_G/S_G \qquad (3.19)$$

$$P_B = C_B / S_B \tag{3.20}$$

显然,可以用以下准则来决定采用那一种隔热措施:若 $P_G/P_B > 1$,填充墙投资回收快,则采用填充墙较好;若 $P_G/P_B < 1$,双层窗投资回收快,则应采用双层窗措施。

据式(3.15)~式(3.18),利用表 3.2 的数据可得

$$\frac{P_G}{P_B} = \frac{C_G}{C_B} \cdot \frac{S_B}{S_G} = \frac{C_G A_B (U_w - U_I)}{C_B A_G (U_s - U_d)} \tag{3.21}$$

式(3.21)中已经不包含室内外的温度差和燃料的价格,燃料价格的上涨和下跌并不影响我们的决策。

若进一步引入安装双层窗和填充墙的单价,即每平方米双层窗和每平方米填充墙的价格分别记为 c_G 和 c_B,那么 $C_G = c_G A_G$, $C_B = c_B A_B$,因而

$$\frac{P_G}{P_B} = 0.072\,6\,\frac{c_G}{c_B} \tag{3.22}$$

此时决策仅仅依赖于双层窗和填充墙的单价。

3.2.3　模型应用

表 3.3 列出了对某房隔热装修各种措施的单价。

表 3.3　不同隔热方法的单价

隔 热 方 法	单价(元/m²)
请工程队用密封双层替换旧窗	543
请工程队在旧窗上加装双层玻璃窗	87
自行加装双层玻璃窗	48
自行加装双层玻璃窗并密封	90
墙空隙填空	6

对上述各种双层窗措施,算出它们与填充隔热墙的投资回收期 P_G/P_B 分别为 6.57、1.05、0.58、1.09。所以只有在旧窗上自行加一层玻璃改装成简易双层窗,投资回收期才比采用填充隔热墙的投资回收期短。

上述模型还可做一些改进:

(1) 决策的准则可以适当地修改,以便考虑某些非经济的因素。例如若户主比较偏爱双层窗,可以将仅仅在客厅装双层窗的费用代替全部窗都装双层窗的费用。亦可将选用双层窗的决策准则适当修改,例如改成

$$\frac{P_G}{P_B} < 2 \tag{3.23}$$

(2) 考虑到采用填充隔热墙或双层窗台使房屋增值,可在装修费用支出中扣除房屋

增值的部分。

3.3 改进遗传算法在变风量系统中的应用

3.3.1 问题提出

变风量空调有着非常突出的节能优势,但变风量空调系统涉及众多被控参数(温度、风量、压力和水流量等),如果按照某几个固定的模式对系统一成不变地控制,会造成能量的浪费。如能使用优化控制等方法,解得系统运行的最优工作点,便能使系统能耗最少,且满足负荷需求。然而,就整个空调系统而言,其由多个子系统组成且各子系统之间还存在复杂的耦合关系,因此仅对一个或几个子系统进行优化控制是不够的,要用全局的观念,将系统中各主要部件的能耗都考虑进去,进行全面的优化控制,才能使整个系统在最佳运行状态下运行,使整个系统的能耗最低。

3.3.2 模型建立

由于变风量空调系统是由多个设备组成的大系统,在计算系统总能耗时,要先分别对各个设备进行建模,计算它们各自的能耗,然后求和得到整个变风量空调系统的总能耗。

目标函数通常是优化的方向。从变风量空调系统的实际工作情况出发,提出其整体系统能耗的优化问题,即通过优化控制参数,使系统中所有耗能部件的总能耗最小,将实际需要求解的优化问题数学模型总结如下:

$$\min F(X, M_k) = \min\left\{P_{chiller} + P_{chw} + \sum P_{fan} + M_k[g(X)]^2\right\} \quad (3.24)$$

使得
$$T_{chw, min} \leqslant T_{chw} \leqslant T_{chw, max}$$
$$Q_{chw, min} \leqslant Q_{chw} \leqslant Q_{chw, ep}$$
$$Q_{sa, min} \leqslant Q_{sa} \leqslant Q_{sa, max}$$
$$t_{a, min} \leqslant \Delta t_a \leqslant t_{a, max}$$

式中　$P_{chiller}$——冷水机组能耗;

P_{chw}——冷冻水泵能耗;

P_{fan}——风机能耗;

M_k——惩罚因子;

T_{chw}——冷冻水供水温度;

Q_{chw}——冷冻水流量;

Q_{sa}——总送风量;

Δt_a——送回风温差。

又
$$g(X) = Q_{room} - \xi \cdot c_a \cdot Q_{sa} \cdot \Delta t_a$$

$$X = \left[T_{\text{chw}}, Q_{\text{chw}}, Q_{\text{sa}}, \Delta t_{\text{a}} \right]$$

对于本次的优化问题,系统的待优化参数为冷冻水供水温度 T_{chw}、冷冻水流量 Q_{chw}、总送风量 Q_{sa} 及送回风温差 Δt_{a} 这 4 个参数,ξ 表示风机运行能耗系数。冷冻水回水温度 T_{chws} 为受控参数,其值可由等式约束计算得到;空调区域负荷 Q_{room} 为状态参数,其值为建筑物实际需要的空调负荷,且与空调系统实际制冷量 Q_{ch} 相等。根据变风量空调系统各设备的参数,可以确定各待优化参数的范围,见表 3.4。

表 3.4　待优化参数取值范围

待优化参数	上限值	下限值
冷冻水供水温度/℃	8	5
冷冻水流量/(m³/s)	0.07	0.01
送风量/(m³/s)	7.0	2.5
送回风温差/℃	−10	−18

3.3.3　模型求解

3.3.3.1　改进遗传算法的思路和流程

求解空调优化问题就是在可行解里找到满足目标函数的最优解。在优化问题中,所有可行解组成的空间称为搜索空间,每个可行解都有其适应度值,这样,优化问题就转化为在搜索空间中寻找适应度值的最优点。一般情况下,搜索空间是已知的,但是如何搜索却是未知的,因此产生了各种各样的搜索方法,也就是优化算法。本案例基于遗传算法,并结合变风量空调系统的特点,运用模拟退火算法的特点改进遗传算法,针对空调节能优化问题寻找最优解。

遗传算法和模拟退火算法之间有很强的互补性:遗传算法的总体能力强,可以作为优化算法的主体,在全局进行寻优,并且在寻优初始时可以将模拟退火算法的状态接受函数引入,允许以一定概率接受劣质的解,避免遗传算法早熟,使算法可以快速锁定最优解的范围;而到了算法后期,遗传算法的局部寻优动力不足,刚好可以利用模拟退火算法较强的局部搜索能力,找到全局最优解。两者取长补短,各自的不足得到改善。

本案例基于遗传算法,并融入了模拟退火算法,对遗传算法做出如下改进:

(1) 在交叉变异操作结束后添加一个退火过程,对新产生的个体进行其邻域内的局部搜索。这种应用使得个体能够向着全局最优的方向进化,使交叉和变异操作得到更好的控制,从而使算法更稳定,效果更好。

(2) 将模拟退火算法中的状态接受概率加入精英选择中,形成一种改进的精英选择法,让精英并不是直接进入下一代,而是以状态接受概率不进入到下一代。这样,在进化初期,状态接受概率较大,精英进入下一代的可能性较小,有效避免了精英选择法可能造成的早熟现象,而到了进化后期,状态接受概率较小,此时的精英直接进入下一代的可能

57

变大,既加快了局部搜索的速度,又保证了算法的收敛性。

根据以上的思路,可以得到改进遗传算法的主要流程如下。

(1) 算法初始化:确定 N(种群规模),P_c(交叉概率),P_m(变异概率),G(进化代数);在确定种群规模的基础上随机挑选有效个体来组成初始化群体 $P(t)$,遗传代数计数器 t 初始化趋近于 0。

设定 T_0 为退火初始温度,k 为退火衰减因子,T_k 为第 k 次降温后的温度,内循环的迭代计数器 $\text{len} \rightarrow 0$,最大迭代次数 $L(t)$,退火的最低温度 T_{end} 等有关模拟退火参数。

(2) 计算当前种群的个体适应度 $f(x_i)$,$i = 1, 2, 3, \cdots, N$。

(3) 改进的精英选择操作:对于精英 x_{best},如果 $\exp((f_{\text{avg}} - f(x_{\text{best}}))/T_k) <$ random$(0, 1)$,则直接进入下一代,否则仍按轮盘赌方式选择。

(4) 进行交叉操作。

(5) 进行变异操作。

(6) 进行退火过程:在变异操作后产生的个体 x_i' 的邻域寻找新个体 x_i'',计算两者的适应度函数值 $f(x_i')$ 和 $f(x_i'')$,如果满足:$\min\{1, \exp((f(x_i') - f(x_i''))/T_k)\} >$ random$(0, 1)$,则用 x_i'' 代替 x_i',并判断是否达到内循环终止条件,是则进入(7),否则重新执行(6)。

(7) 判断进化终止条件:判断当前状态是否达到进化代数,如果达到,则转(8),如果没达到,则进化代数加 1,即 $t = t + 1$,并且按降温表更新温度参数 T,转(2)。

(8) 判断退火终止条件:判断温度是否降到最低温度,如果是,则转(9),如果否,则转(6)单独进行退火操作。

(9) 结束计算,得到最优结果。

改进遗传算法的优化流程如图 3.3 所示。

3.3.3.2 变风量空调优化的改进遗传算法设计

根据改进遗传算法的思路与流程,结合变风量空调系统的具体情况,对改进的遗传算法进行具体设计,根据优化的问题,选择合适的方法和参数。

1) 选择编码方式

本案例的空调系统优化问题中变量不止一个,且变量的取值范围比较大,采用二进制编码串长就会非常长,对算法的收敛速度不利,既增加了计算量又降低了优化精度;

同时,由于融合了模拟退火算法,如果仍用二进制编码,变量在算法间的转移就会带来很大的不便。为了弥补这个不足之处,本案例在结合优化问题特点的基础上,使用浮点数编码的方式,将个体的每个基因值用一定范围内的一个浮点数来表示,个体编码长度等于其决策变量的数量。染色体 X 的形式为

$$X = \{x_1, x_2, \cdots, x_n\}, \quad x_i \in R \quad (i = 1, 2, \cdots, n) \tag{3.25}$$

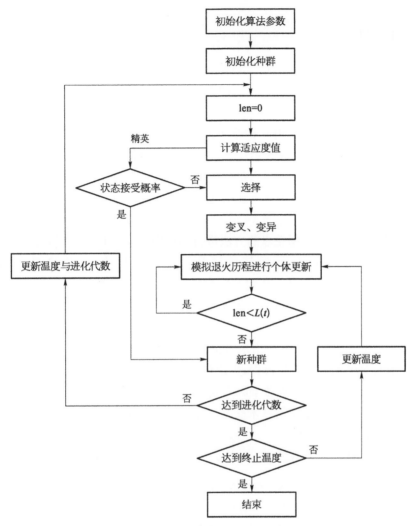

图 3.3　改进遗传算法优化流程

2) 构造适应度函数

针对本案例对空调系统能耗的优化问题,其目标函数为

$$\min F(X, M_k) = \min\left\{ P_{\text{chiller}} + P_{\text{chw}} + \sum P_{\text{fan}} + M_k \left[g(X) \right]^2 \right\} \tag{3.26}$$

这是一个求能耗最小值的问题。根据遗传算法对适应度函数的要求(单值、连续、非负、最大化),对其进行映射,将目标函数变换为适应度函数。则构造适应度函数为

$$\text{fitness} = \frac{1}{1 + F(X, M_k)} \tag{3.27}$$

经过这样的变换,就可以得到符合要求的适应度函数,且把适应度限定在(0, 1)

之间。

3) 遗传算子改进

遗传操作涵盖了 3 个遗传算子：选择，交叉，变异，遗传算法的性能取决于这三个算子。考虑到基本遗传算法中这三个算子的无方向性，本案例在对这三个算子的设计中，采用了一些改进的方法。

（1）选择算子。本案例采用一种改进的选择算子——精英选择法（又叫最佳保留法）。顾名思义，这种方法可以将种群中最优秀的个体直接复制到下一代，是在轮盘赌方法上的一种改进方法。这种方法可以提高优秀个体对种群的控制速度，加快算法的收敛过程，保证了优良个体的繁殖，但有可能引起早熟的问题，因此在精英选择的基础上加入状态接受概率进行改进。

其选择流程如下：① 根据轮盘赌方法进行选择操作 $n-1$ 次；② 将适应度最高的个体 x_{best} 从当前群体中取出，选择其进行状态接受的概率，如果满足 $\exp((f_{avg} - f(x_{best}))/T_k) < random(0, 1)$，则将其完整地复制到下一代群体中，否则不接受其进入下一代群体，并在原有种群中再进行一次轮盘赌选择操作。其中 f_{avg} 为当前种群的平均适应度值。

（2）交叉算子。交叉算子的作用是将父代的基因遗传给下一代个体，实际上就是模仿自然界中有性繁殖的基因重组过程，生成包含更复杂基因结构的新个体。

由于本次设计采用的是浮点数编码方式，一般的交叉算子（如两点交叉、多点交叉和一致交叉等）不太适用，因此使用算术交叉（arithmetic crossover）的方法，在将两个个体线性组合后产生出两个新个体。

假如存在两个父代个体 X_a^t, X_b^t，对其进行算术交叉后的子代个体 $X_a^{t+1} X_b^{t+1}$ 为

$$\left. \begin{array}{l} X_a^{t+1} = aX_b^t + (1-\alpha)X_a^t \\ X_b^{t+1} = aX_a^t + (1-\alpha)X_b^t \end{array} \right\} \tag{3.28}$$

式中：α 为交叉参数，可以为常数或为变量，在此取 $[0, 1]$ 之间产生的随机数。

（3）变异算子。同样，对于变异操作，一般的变异算子（如基本位变异和均匀变异等）也不适用于浮点数编码的方式。考虑到变异操作的主要目的是改善算法的局部搜索能力，本案例采用可以提高局部搜索性能的高斯近似变异法（Gaussian mutation）。这种变异操作是用一个随机数来替换原有基因值，这个随机数符合均值为 μ，方差为 σ^2 的正态分布。由此可见高斯变异是对原个体附近的某个区域进行局部搜索，这一点其实是和均匀变异差不多的。

高斯变异具体实现过程如下：

假设有 12 个随机数 $r_i(i=1, 2, \cdots, 12)$，它们均匀分布在 0～1 之间。那么如果有一个随机数 Z 符合 $N(\mu, \sigma^2)$ 正态分布的话，它应当满足以下条件：

$$Z = \mu + \sigma \times (\sum_{i=1}^{12} r_i - 6) \tag{3.29}$$

在由 $X = x_1, x_2, \cdots, x_k, \cdots, x_i$ 向 $X' = x_1', x_2', \cdots, x_k', \cdots, x_i'$ 进行高斯变异时，如果 x_k 处基因值的范围是 $[U_{\min}^k, U_{\max}^k]$，同时假设 μ 和 σ 的值如下：

$$\mu = \frac{U_{\min}^k + U_{\max}^k}{2} \tag{3.30}$$

$$\sigma = \frac{U_{\max}^k - U_{\min}^k}{6} \tag{3.31}$$

可以得到

$$x_k' = \frac{U_{\min}^k + U_{\max}^k}{2} + \frac{U_{\max}^k - U_{\min}^k}{6} \times \left(\sum_{i=1}^{12} r_i - 6\right) \tag{3.32}$$

4) 模拟退火历程

从模拟退火算法的结构上来看，算法主要包括三函数两准则，这 5 个部分的设计决定了算法的优化性能。

（1）状态产生函数。设计状态产生函数的出发点是要使新解产生在当前解的邻域内，且分布应尽量敞开，本案例采用如下公式进行状态的产生：

$$X' = \begin{cases} X + (X_R - X) \cdot \delta(T_i) \cdot \varepsilon, & U(0, 1) = 0 \\ X - (X - X_L) \cdot \delta(T_i) \cdot \varepsilon, & U(0, 1) = 1 \end{cases} \tag{3.33}$$

式中　X——当前解；

X'——新解；

X_L，X_R——当前解 X 左右边界的值；

T_i——当前温度；

$\varepsilon = \text{random}(0, 1)$——$(0, 1)$ 之间的随机数；

$U(0, 1)$——随机选取 0 或 1；

$\delta(T_i)$——扰动量，随 T_i 的减小而减小，且当 $T_i = T_0$ 时，$\delta(T_i) \leqslant 1$，当 $T_i = T_{\text{end}}$ 时，$\delta(T_i) \to 1$，这样既保证了新个体 X' 不会超出边界，又满足算法收效的条件。

（2）状态接受函数。具有状态接受因数是模拟退火算法最重要的特点，有研究表明，状态接受函数的具体形式对算法的性能影响不大，因此，本案例用经典的随机接受准则（Metropolis 准则），其形式为

$$P = \min\left\{1, \ e^{\frac{[f(j) - f(i)]}{kT}}\right\} \tag{3.34}$$

式中　$f(i)$，$f(j)$——当前状态和新状态的适应度值；

T——当前温度；

K——玻尔兹曼（Boltzmann）常数。

（3）温度更新函数。即降温函数，用于修改退火历程中的温度值，一般采用如下降温方式

$$t_{k+1} = \lambda t_k \tag{3.35}$$

式中　λ——衰减因子，取$(0,1)$间的常数；

　　　t_k——第k次降温后的温度。

（4）终止准则。各个温度下候选解的个数可以用内循环终止准则（Metropolis抽样稳定准则）来决定。本案例使用如下公式：

$$L_k = \gamma \cdot n \tag{3.36}$$

式中　n——自变量维数；

　　　γ——常系数，一般取$50\sim100$；

　　　L_k——马尔科夫链长度。

（5）外循环终止准则。即退火终止准则，决定了算法何时结束。SA的收敛性理论要求随着算法进行，最终的温度趋于0，但明显不可能。一般的做法是设定一个较小的温度终值T_{end}。

3.3.3.3　VAV节能优化控制仿真分析

得到了优化问题完整的数学描述，据此在MATLAB中编写目标函数的m程序，并代入上一节设计好的优化算法中，对变风量空调系统的优化问题进行求解。

经多次仿真和对比，将优化算法的参数设置如下：

（1）遗传参数。种群规模：$N=20$、最大进化代数：$G=100$、交叉参数$\alpha=random(0,1)$、交叉概率$P_c=0.7$、变异概率$P_m=0.01$。

（2）退火参数。退火初始温度$T_0=100$、退火终止温度$T_{end}=0.01$、温度衰减因子$\lambda=0.90$、马尔科夫链长度$L_k=10$。

下面在MATLAB中，分别利用遗传算法和改进遗传算法对变风量空调系统的节能优化问题进行仿真和效果对比。

本案例选取负荷率为80%和60%时的工况作为仿真条件，检验空调系统在部分负荷下运行时的优化效果。

1）负荷率80%时的节能优化仿真分析

在负荷率为80%时，即空调区域的冷负荷$Q_{room}=1265.6$kW的工况下进行仿真，得到仿真结果如图3.4所示。

图3.5为两种算法在相同仿真条件下，优化结果的对比。从优化的结果来看，改进遗传算法效果更好，最终收效的最优值比遗传算法最优值小4kW左右。从进化的过程来看，遗传算法在20代之后基本保持不变，第20代的最优目标值为267.8kW，进化结束后收敛于267.5kW，进化后期的搜索动力明显不足。改进遗传算法在搜索过程中有较多下降过程，在28代时仍可搜索到更优解，可见将模拟退火算法融入遗传搜索中，可以改善遗传算法在后期局部寻优时的不足，改进后的遗传算法具有更好的寻优能力。

负荷率为80%时，两种算法下待优化参数最后得到的优化结果和能耗值见表3.5。

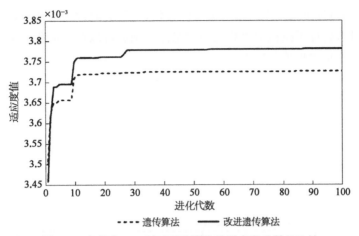

图 3.4　负荷率＝80%时两种算法的适应度函数值比较

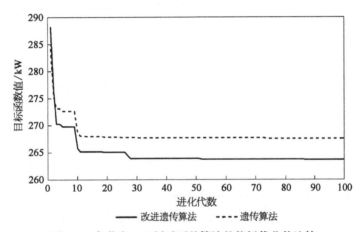

图 3.5　负荷率＝80%时两种算法的能耗优化值比较

表 3.5　负荷率为 80% 的优化结果

算　法	冷冻水温/ ℃	冷冻水流量/ (m³/s)	送风量/ (m³/s)	送回风温差/ ℃	系统能耗/ kW
遗传算法	5.518	0.054	3.061	−10.683	267.53
改进遗传算法	5.46	0.053	3.185	−10.856	263.67

2）负荷率 60% 时的节能优化仿真分析

在负荷率为 60% 时,空调区域的冷负荷 Q_{room}＝949.2 kW 的工况下进行仿真,得到仿真结果如图 3.6 所示。图 3.6 为遗传算法和改进遗传算法的目标函数曲线。从两者的对比图中可以看出,两种算法均可以收敛,遗传算法在收敛速度上较快,但是改进遗传算法的优化效果更理想,在进化后期仍能够向最优解搜索。

从寻优过程来看,改进遗传算法的最佳目标函数值在进化初期经过几次较明显的下降后,中间有很长时间没有改变,但是其平均目标函数值曲线还有很多波动,而同一时期的遗传算法平均目标函数值已经接近最佳函数值,可见此时改进遗传算法的种群还保持有很强的多样性,验证了模拟退火算法中状态接受函数可以在很大程度上帮助算法脱离局部最优解,防止早熟现象的发生。

负荷率为 60% 时,两种算法下待优化参数最后的优化结果和能耗值见表 3.6。

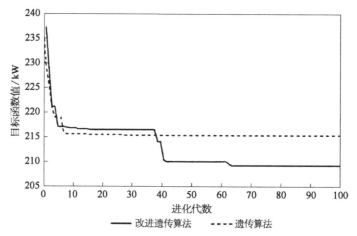

图 3.6　负荷率＝60%时两种算法的能耗优化值比较

表 3.6　负荷率为 60% 的优化结果

算法	冷冻水温/℃	冷冻水流量/(m³/s)	送风量/(m³/s)	送回风温差/℃	系统能耗/kW
遗传算法	5.405	0.05	3.315	−10.567	215.53
改进遗传算法	5.219	0.049	3.194	−11.396	209.13

在得到负荷率为 80% 和 60% 下的系统优化结果后,可以对比两种工况下,节能优化的效果如何。将两种工况下第 0 代(初始种群)和第 100 代的最佳目标函数值对比,具体数值见表 3.7。

表 3.7　两种工况下最佳目标函数对比

算法	负荷率/%	第 0 代	第 100 代	能耗率	节能率/%
遗传算法	80	284.24	267.53	16.71	5.9
	60	236.95	215.53	21.42	9.0
改进遗传算法	80	288.38	263.67	24.71	8.5
	60	237.27	209.13	28.14	11.8

对比表 3.7 中的数据可以发现,相同负荷率下,改进遗传算法在变风量空调系统节能优化中效果更优。不同负荷率下,负荷率为 60% 时的节能优化效果比 80% 时明显,说明在负荷率较低时,空调系统有较大的节能潜力,此时对空调系统进行优化控制,可以起到良好的节能效果。

3.3.4　案例总结

本案例建立了变风量空调优化模型,然后对该模型研究了优化算法,对遗传算法进行改进:针对遗传算法在进化后期局部搜索动力不足的问题,把局部搜索能力良好的模拟退火算法融入遗传算法中,将退火历程加在贬义算子后,使局部搜索能力增强,将状态接受函数加入精英选择中,避免早熟现象的发生。之后,结合变风量空调系统优化问题的特点,对算法的流程进行了具体设计。最后,根据优化问题的数学模型,将目标函数设置为变风量空调系统的总能耗,分别利用遗传算法和改进遗传算法求解该优化问题。仿真结果表明,遗传算法和改进遗传算法都可以收敛,改进后的遗传算法在节能优化控制问题上有更好的表现,能耗值低于采用遗传算法的能耗。

3.4　基于交互式集成优化框架的建筑环境优化

3.4.1　问题提出

针对建筑室内环境系统的优化问题涵盖室内环境各方面,包括热舒适度、空气质量以及通风系统和空调能耗等。在目前全球节能减排的大背景下,如何协调和优化建筑室内环境质量和通风系统的能耗越来越受到关注。由于现成的建筑室内环境模型很难同时满足优化的实时性和精确度要求,目前的研究大都假设室内空气完全混合,通过经验模型求解不同边界条件下的环境响应。然而实际室内的环境分布存在时空变异性,房间不同位置的热舒适感觉相差很大。忽略这种热环境的空间分布不均会使空调控制系统优化结果与室内各区域人员的实际感受不符,且是空调能耗增加的重要原因。结果显示交互式集成优化框架具有通用性好、优化精度高的特点,适用于当前建筑环境系统的优化问题。

3.4.2　模型建立与求解

3.4.2.1　模型假设

典型教室模型总面积为 $68.64\ \mathrm{m}^2$,平均高度为 $3.9\ \mathrm{m}$。教室入风口($1\ \mathrm{m}\times1\ \mathrm{m}$)位于左侧墙顶,回风口($0.5\ \mathrm{m}\times0.5\ \mathrm{m}$)位于右侧墙顶。此外,教室内共有十张桌子和十名学生。每个学生产热 $75\ \mathrm{W}$,每个照明设备产热 $30\ \mathrm{W}$。教室其他布局的详细数据见表 3.8,教室 3D 模型图如图 3.7 所示。为了更加直观地体现优化前后室内环境质量的对比,将

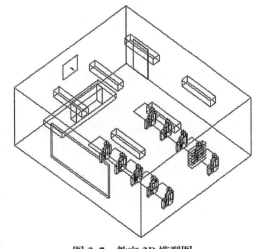

图 3.7　教室 3D 模型图

通风系统未开启状态(入风口温度 30℃,风速 0.3 m/s)作为基准状态,基准状态的 PMV 梯度分布如图 3.8 所示。

为了保证模型的稳定性和收敛性,对教室模型做如下简化:

(1) 忽略模型墙体蓄热产生的散热;

(2) 忽略模型中窗户和门的漏风;

(3) 设定室外温度和太阳辐射等环境室外参数为恒定值。

表 3.8　教室模型布局参数

布　局	规格/m	功率/W
教室	8.8×7.8×3.9	
回风口	0.5×0.5	
入风口	1×1	
窗户	3.8×2.2	
学生	0.4×0.35×1.1	75
照明设备	0.2×1.2×0.15	30

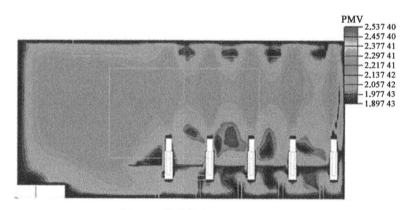

图 3.8　基准状态 PMV 分布云图

3.4.2.2　设计变量及优化目标

建筑环境系统优化的意义在于通过综合考虑能耗、室内空气品质和热舒适性等方面指导通风设备参数调节。本案例选取通风系统入风口温度和风速的 T_{in} 和 V_{in} 作为优化参数,入风口温度的取值范围为 21~31℃,风速的取值范围为 0.1~1.5 m/s。

根据上述分析,本案例优化指标共分成两个部分:通风系统能耗指标和室内舒适度指标。简化通风系统能耗分为风机功率和制冷功耗两部分。风机功率可以使用如下公式计算:

$$E_{fan} = \frac{\Delta P \times V_{air}}{1\,000\eta_{fan}}$$

(3.37)

式中　ΔP——风扇压升；

$\quad\quad V_{air}$——供给空气总流量；

$\quad\quad \eta_{fan}$——风扇运行效率。

本案例的风扇压升和效率分别设为 562.5 Pa 和 0.75。制冷功耗共分为两个部分：一部分是显热负荷，另一部分是新鲜空气冷却负荷。计算公式如下：

$$Q_{cooling} = m_{air}C_p(T_{return} - T_{supply}) + m_{fresh}(h_{out} - h_{return}) \tag{3.38}$$

式中　m_{air}——空气质量流率；

$\quad\quad C_p$——空气比热容；

$\quad\quad T_{supply}, T_{return}$——入风口和回风口空气温度；

$\quad\quad m_{fresh}$——室外新风质量流率；

$\quad\quad h_{out}, h_{return}$——室外空气和回风焓值。

通风系统能耗指标 $E_{ventilation}$ 为风机功率和制冷功耗之和（$E_{ventilation} = E_{fan} + Q_{cooling}$）。

PMV（predicted mean vote）指数是目前使用最广泛的用于表征人体热反应的舒适度指标，已被收录 ISO 7730 标准。PMV 指数主要与四个环境变量（室内温度、相对湿度、平均辐射温度和空气流速）和两个人体参数（代谢率和着装指数）有关。PMV 指数共分为 7 级，-3 代表最冷，3 代表最热，0 代表舒适状态。ISO 7730 推荐的舒适指数范围在 $-1 \sim 1$ 之内。PMV 指数具体计算公式如下：

$$
\begin{aligned}
PMV = {}&(0.303\mathrm{e}^{-0.036M} + 0.28) \times \{(M - W) - 3.05 \times 10^{-3} \times \\
&[5\,733 - 6.99(M - W) - p_a] - 0.42 \times [(M - W) - 58.15] - \\
&1.7 \times 10^{-5} \times M \times (5\,867 - p_a) - 0.001\,4 \times M \times (34 - t_a) - \\
&3.96 \times 10^{-8} f_{cl} \times [(t_{cl} + 273) - (t_r + 273)] - (f_d - t_a)\}
\end{aligned} \tag{3.39}
$$

式中　M——人体代谢产热；

$\quad\quad W$——人体活动系数；

$\quad\quad p_a$——室内水蒸气压力；

$\quad\quad t_a$——环境空气温度；

$\quad\quad t_{cl}$——着衣温度；

$\quad\quad f_{cl}$——衣着面积指数；

$\quad\quad t_r$——平均辐射温度；

$\quad\quad h_c$——对流速度传热系数；

$\quad\quad V$——空气速度；

$\quad\quad I_{cl}$——服装热阻。

h_c、f_{cl} 和 t_{cl} 的计算公式如下：

$$h_c = \begin{cases} 2.38 \times |t_{cl} - t_a|^{0.25}, & 2.38 \times |t_{cl} - t_a|^{0.25} > 12.1\sqrt{V} \\ 12.1\sqrt{V}, & 2.38 \times |t_{cl} - t_a|^{0.25} < 12.1\sqrt{V} \end{cases} \tag{3.40}$$

$$f_{cl} = \begin{cases} 1.00 + 1.290 I_{cl} & I_{cl} < 0.078 \\ 1.05 + 0.645 I_{cl} & I_{cl} > 0.078 \end{cases} \tag{3.41}$$

$$t_{cl} = 35.7 - 0.028 \times (M - W) - I_{cl}\{3.96 \times 10^{-8} \times f_{cl} \times$$
$$[(t_{cl} + 273)^4 - (t_r + 273)^4] + f_{cl} h_c (t_{cl} - t_r)\} \tag{3.42}$$

在十名学生正前方距地面 1.1 m 处设立十个观测点。十个观测点的平均 PMV 指标作为本案例的室内舒适度指标,舒适性指标 PMV_{aver} 可以定义为

$$PMV_{aver} = \frac{1}{10} \sum_{i=1}^{10} |PMV_i| \tag{3.43}$$

式中　PMV_i——十个观测点的 PMV 指数。

通风系统能耗指标和室内舒适度指标通过加权方式合并为一个指标 J,指标 J 的表达式如下:

$$J = \omega_1 \frac{E_{ventilation}}{E_{ventilation\,max}} + \omega_2 \frac{PMV_{aver}}{PMV_{aver\,max}} \tag{3.44}$$

式中　$E_{ventilation\,max}$,$PMV_{aver\,max}$——两个指标的最大值;

　　　ω_1,ω_2——两个指标的权重系数,经过试算本案例中 ω_1 和 ω_2 分别设为 7.5 和 1。

3.4.2.3　交互式集成优化框架搭建

首先确定房间所有围护结构如门、窗、外墙的材料和尺寸,确定室内陈设、通风系统入风口、回风口以及室内热源的位置与尺寸,利用 Airpak 软件搭建如图 3.7 所示的教室 Airpak 几何模型。在模型中设立观测点,用于记录环境参数。根据几何模型划分模型网格,模型共划分成 174 262 个不规则网格。将 Airpak 输入文件(.cas)中控制变量(入风口温度和风速)改成特定符号,并将输入文件类型改成模板类型(.template)。运行一次模拟,记录 Airpak 输出文件(.out)中结果所在位置,利用交互模块保存到特定文本案例件,用于优化模块的目标函数评估。建立基于 MATLAB 的优化模块,优化算法采用基本 PSO 算法,在交互式集成优化框架中填写设计变量的上下限、目标函数等相关信息,见表 3.9。最后编写 Fluent 计算器批处理启动命令,启动优化模块,执行优化算法,求得通风系统控制最优参数值。本案例的交互式集成框架结构如图 3.9 所示。

表 3.9　PSO 算法相关参数设置

主 要 参 数	设 置 值
最大迭代次数	50
种群规模	20
惯性权重初值和终值	0.9 和 0.4
认知系数 c_1 和 c_2	2 和 1.8

PSO算法
目标函数
设计变量
交互模块
用户区温度
用户区风速
入风口风速
入风口温度
回风口温度
室内环境模拟
入风口温度
入风口风速

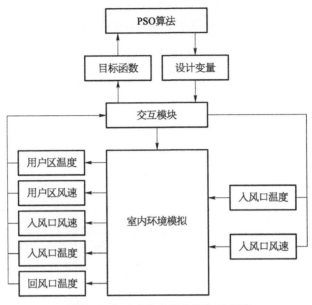

图 3.9　交互式集成优化框架示意图

3.4.2.4　数据驱动优化框架搭建

本案例同时搭建基于神经网络模型的数据驱动优化框架，流程如图 3.10 所示。对于数据驱动优化框架，通过测试多组 T_{in} 和 V_{in} 的值生成一组数据样本对，数据样本对包含 120 个输入和输出，选择 100 组数据样本对用于训练，20 组用于测试。经过试算，隐含层神经元个数确定为 8。具体的 BP 神经网络模型参数设置参见表 3.10。

开始
创建建筑模型
生成数据库
训练和测试BP模型
初始化优化算法
评估目标函数
是否满足
最大迭代次数
否
是
输出最优结果

图 3.10　数据驱动优化框架流程图

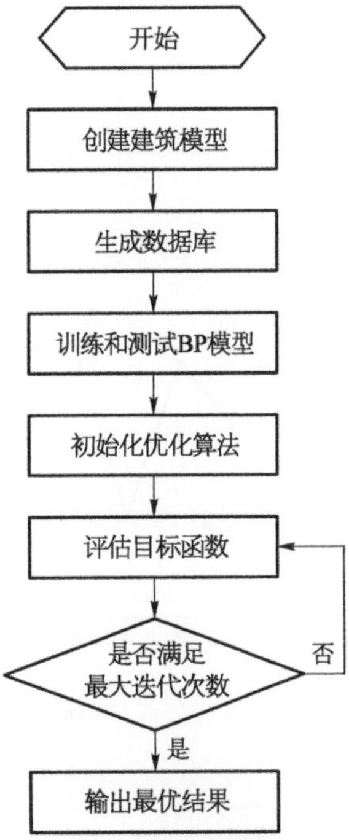

表 3.10　BP 神经网络参数相关设置

BP 神经网络相关参数	参 数 值
模型结构	2 - 8 - 2
迭代次数	100
训练目标均方误差	0.000 001
训练函数	Levenberg - Marquardt

3.4.3　模型分析

为了避免优化模型的随机性，本案例对交互式集成优化框架和数据驱动优化框架分别做 5 次测试，测试结果记录于表 3.11。对于数据驱动优化框架，整个建模过程耗时 1 128 min。预测模型共测试 5 次，建模误差记录于表 3.12。PMV_{aver} 和 $E_{ventilation}$ 的预测結果如圖 3.11 所示。圖 3.12 展示神經網絡訓練結果與實際值擬合結果,從圖中可以看出經過 100 次迭代,預測結果與實際值基本擬合,兩個指標的平均相對誤差為 4.3%。

表 3.11 兩種框架優化結果比較

序號	交互式集成優化框架				數據驅動優化框架			
	PMV_{aver}	$E_{ventilation}$	J	時間/min	PMV_{aver}	$E_{ventilation}$	J	時間/min
1	0.55	2 230.81	0.75	2 362	0.51	2 677.75	0.88	1.21
2	0.50	3 067.77	0.79	2 547	0.84	2 289.56	0.89	1.55
3	0.51	3 011.71	0.82	2 635	0.73	2 591.16	0.90	1.15
4	0.51	3 012.45	0.83	2 426	0.69	2 065.25	0.95	1.36
5	0.56	2 566.03	0.86	2 125	0.53	3 178.62	1.05	0.95
平均	0.52	2 777.75	0.81	2 419	0.66	2 560.34	0.93	1.24
最優	0.55	2 230.81	0.75	2 125	0.51	2 677.75	0.88	0.95

表 3.12 數據驅動優化框架建模相對誤差

指標	1	2	3	4	5	平均	最優
$PMV_{aver}/\%$	5.65	6.64	6.15	5.48	7.67	6.31	5.48
$E_{ventilation}/\%$	4.32	5.56	4.36	3.25	3.89	4.27	3.25

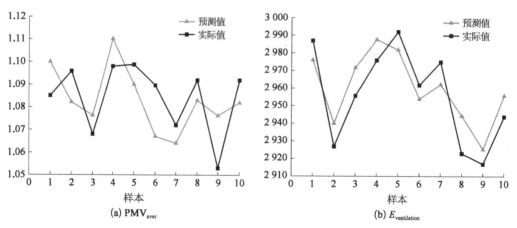

(a) PMV_{aver}　　(b) $E_{ventilation}$

圖 3.11 BP 神經網絡模型預測結果

優化後的教室室內 PMV 指數梯度分布云圖如圖 3.13 和圖 3.14 所示。從圖中可以看出,通過優化,教室室內環境質量均有顯著提升,室內舒適度達到可接受範圍。從優化精度的角度來看,由於數據驅動模型的建模誤差,交互式集成優化框架優化精度明顯優於數據驅動優化框架;從優化時間的角度來看,交互式集成優化框架的優化時間長於數據驅動優化框架建模和優化時間總和。交互式集成優化框架優化過程無須人工干預而數據驅動優化框架需要預先手動采集數據樣本,表明交互式集成優化框架具有通用性

70

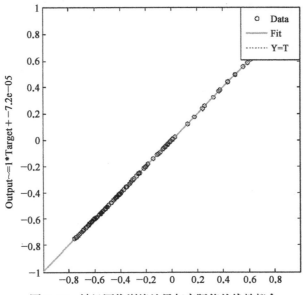

图 3.12　神经网络训练结果与实际值的线性拟合

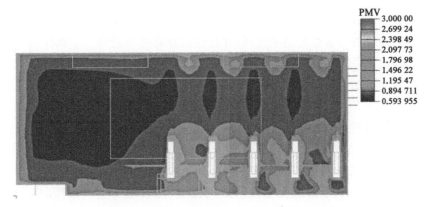

图 3.13　优化后教室 PMV 指数梯度分布云图,交互式集成优化框架

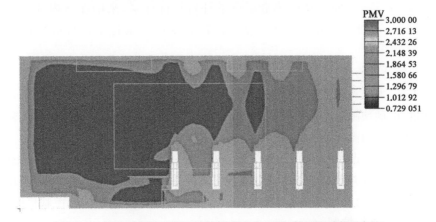

图 3.14　优化后教室 PMV 指数梯度分布云图,数据驱动优化框架

好、易于操作和优化精度高的特点。

3.4.4　案例总结

针对现有建筑室内环境优化方法所存在的缺陷,本案例利用交互式集成框架优化典型公共教室的通风系统参数,优化目标涉及室内舒适度和通风系统两个方面。本章同时搭建数据驱动优化框架并从优化精度和优化时间两个角度做了详细比较。结果显示交互式集成优化框架具有通用性好、优化精度高的特点,适用于当前建筑环境系统的优化问题的求解。

3.5　空调热舒适度预测及控制算法研究

3.5.1　问题提出

随着经济的快速发展,人们的生活水平得到不断提高,这也促使人们对生活品质的要求也不断提高。目前,人类的工作、生活、娱乐绝大部分时间均处于室内,因此,人们对室内环境热舒适度的要求也是越来越高,并且这也是必然的趋势。空调作为人类调节室内环境的主要工具,随着人们对室内环境要求的提高,空调系统也在不断地改进之中,目前的空调系统也从初期单纯的制冷制热向舒适、节能方向发展,研究者们也在朝着这一方向不断努力。

为实现室内环境的真正舒适,首先必须对室内环境的舒适度有一个客观真实的评价,否则就谈不上达到了舒适的要求。室内环境的舒适与否,并不是单纯的由室内空气温度的高低或者某一个参数的大小来简单决定的。影响人体舒适感的因素很多,关系也很复杂,事实上,人体舒适度不仅与室内温度有关,还与空气湿度、空气流速等其他很多环境因素有关。为了顺应人们对绿色、健康、舒适室内环境的要求,必须综合各项环境因素,确定一个室内环境热舒适度的评价指标体系,来确保室内环境是处于真正的舒适状态。因此,热舒适度评价指标的研究便成了实现空调舒适性控制的前提内容。

由于热舒适度与多种因素有关,热舒适度指标则与环境变量和人体参数等有着复杂的非线性关系,无法直接测量,更无法直接用于空调的实时控制系统中。因此,建立一个能正确评价、准确预测室内环境热舒适度,并能用于空调实时控制系统中的热舒适度预测模型,成了学者们需要解决的一个重要问题。

目前,大部分空调系统采用的是以室内温度为控制目标的传统温度控制策略,很明显,单纯的温度控制并不能真正达到室内环境的舒适性要求。所以,近年来,有研究者提出将热舒适度控制引入空调控制系统中,即直接以热舒适度指标作为控制目标,来对室内环境的舒适度进行控制。

3.5.2　模型建立

3.5.2.1　热舒适度预测建模方法介绍

热舒适度与环境变量和人体参数等多种因素有着复杂的非线性关系,无法直接测量,更无法直接用于空调的实时控制系统中。因此,建立一个能正确评价、准确预测室内环境热舒适度,并能用于空调实时控制系统中的热舒适度预测模型,成了学者们需要解决的一个重要问题,同时也是本案例的主要任务之一。

自 20 世纪 80 年代以来,传统的 PMV 模型一直是一个国际标准,被广泛用于舒适度预测与控制研究中,因此,本案例模型也是在这一传统模型的基础上建立的。然而,PMV指标的求值过程是一个复杂的非线性过程,需经过繁琐的迭代运算,不便于空调系统的实时控制应用。因此,需要建立一个能应用于实时控制系统的 PMV 预测模型,来替代这一计算复杂且不能应用于实时控制系统的传统数学模型。

随着智能优化算法的发展,BP 神经网络因其算法简单,具有很强的非线性逼近能力,被广泛应用于模式识别、函数逼近、预测等工程实际中。基于 BP 神经网络的舒适度预测算法,降低了网络训练的复杂度和预测误差,解决了 PMV 数学模型的非线性计算问题,但因 BP 神经网络算法对网络初始权值和偏置较敏感且易陷入局部最小,该预测模型算法收敛速度、预测精度有待进一步提高。针对存在的这些问题,本案例在 BP 神经网络算法的基础上做出了相应改进。

3.5.2.2　BP 神经网络模型

如本书第 2.3.3.2 节所述,BP 神经网络是一种以误差逆传播算法作为训练算法的多层前馈网络,也是目前发展最成熟、应用最广泛的神经网络之一。BP 神经网络作为多层感知器神经网络的典型代表,具有结构简单、便于理解等特点,因此,目前绝大部分的神经网络均采用的是 BP 神经网络或者是其结构形式的变种,应用非常广泛。

图 3.15 所示即为 BP 神经网络结构示意图,是典型的多层网络结构,分别由输入层、隐含层、输出层组成,其中输入层与输出层均为单层结构,隐含层有单层与多层之分。BP 神经网络是以最速下降法作为学习规则,通过对误差的反

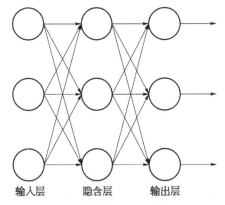

图 3.15　BP 神经网络结构

向传播来调整网络的权值和阈值,最终使网络的误差平方和降至最小。

3.5.2.3　热舒适度评价指标介绍

热舒适度评价指标是以人体生理学、建筑学、物理学为基础,表征了人体热舒适度与

影响室内热环境的多种因素之间的关系,具有明确的计算方式。目前,常用的热舒适度评价指标有如下几种:有效温度(ET),新有效温度(ET^*),新标准有效温度(SET^*),预测平均投票数(Predicted Mean Vote,PMV)等。这些指标有各自的优点,也有缺陷,因此,评价指标在使用时,具有一定的使用范围,同时也存在着一定的局限性。

本案例以 PMV 作为评价指标。PMV 是丹麦的范格尔(P. O. Fanger)教授提出的表征人体冷热感(热反应)的评价指标,代表了大多数人在同一室内环境下的冷热感觉的平均。PMV 热舒适度指标模型是在热平衡与体温调节的理论基础上得出的。人体是通过调节皮肤血流量、出汗、打冷颤等生理过程来保持身体产热量与失热量之间的平衡。达到热中性感觉的首要条件是保持热平衡,Fanger 认为,通过人体的体温调节,即便是处于不舒适的热环境中,人体也可以在环境参数的较大变化范围内获得热平衡。

PMV 模型作为目前最具代表性且应用最广泛的热舒适度评价指标模型,有明确的计算关系表达式。该指标是关于四个环境变量和两个人体相关变量的函数,变量分别是空气温度、空气相对湿度、空气流动速度、平均辐射温度、人体活动程度、衣服热阻。图 3.16 为各个变量与 PMV 值

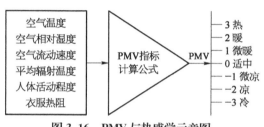

图 3.16　PMV 与热感觉示意图

的示意图,PMV 指标的取值范围是 -3 到 3,分别对应着人从冷到热的感觉,其中 0 代表冷热感适中状态。

PMV 的数学模型为:

$$
\begin{aligned}
PMV = &(0.303\mathrm{e}^{-0.036M} + 0.028) \times \{(M-W) - 3.05 \times 10^{-3} \times [5\,733 - \\
&6.99(M-W) - P_\mathrm{a}] - 0.42[(M-W) - 58.15] - 1.72 \times 10^{-5} \times \\
&M(5\,876 - P_\mathrm{a}) - 0.001\,4 \times M(34 - t_\mathrm{a}) - 3.96 \times 10^{-8} \times f_\mathrm{cl}[(t_\mathrm{cl} + \\
&273)^4 - (t_\mathrm{r} + 273)^4] - f_\mathrm{cl}h_\mathrm{c}(t_\mathrm{cl} - t_\mathrm{a})\}
\end{aligned}
\tag{3.45}
$$

$$
\begin{aligned}
t_\mathrm{cl} = &35.7 - 0.028(M-W) - I_\mathrm{cl}\{3.96 \times 10^{-8} \times f_\mathrm{cl}[(t_\mathrm{cl} + 273)^4 - \\
&(t_\mathrm{r} + 273)^4] + f_\mathrm{cl}\alpha_\mathrm{c}(t_\mathrm{cl} - t_\mathrm{a})\}
\end{aligned}
\tag{3.46}
$$

$$
h_\mathrm{c} = \begin{cases} 2.38(t_\mathrm{cl} - t_\mathrm{a})^{0.25}, & 2.38 \times |t_\mathrm{cl} - t_\mathrm{a}|^{0.25} > 12.1\sqrt{V} \\ 12.1\sqrt{V}, & 2.38 \times |t_\mathrm{cl} - t_\mathrm{a}|^{0.25} < 12.1\sqrt{V} \end{cases}
\tag{3.47}
$$

$$
P_\mathrm{a} = \varphi \times \exp[16.653 - 4\,030.183/(t_\mathrm{a} + 235)]
\tag{3.48}
$$

上几式中　M——人体新陈代谢率;

　　　　　W——人体对外做功;

　　　　　t_a——空气温度;

　　　　　P_a——人体周围水蒸气压力;

　　　　　f_cl——服装表面积系数;

　　　　　t_cl——服装表面温度;

t_r——平均辐射温度；

h_c——对流传热系数；

I_{cl}——服装热阻；

v_a——空气流动速度；

φ——空气相对湿度。

当人体对外做功为 0 时，PMV 可表示为如下：

$$\mathrm{PMV} = f(M, t_a, t_r, I_{cl}, v_a, \varphi) \tag{3.49}$$

3.5.2.4　BP 神经网络的学习算法

假设 BP 神经网络结构为简单的三层结构，如图 3.14 所示，输入层有 I 个节点，即对应着 BP 网络的 I 个输入；输出层有 K 个节点，对应着网络的 K 个输出；隐含层节点数的确定需根据具体情况而定。其中，输出层输出 O_k 和隐层输出 H_j 表示如下：

$$O_k = f_o(x) \Big[\sum_{j=1}^{J} \omega_{jk} H_j + b_k \Big] \tag{3.50}$$

$$H_j = f_H(x) \Big[\sum_{i=1}^{I} \omega_{ij} I_i + a_j \Big] \tag{3.51}$$

式中　ω_{jk}——隐层节点 j 与输出层节点 k 的连接权值；

ω_{ij}——输入层节点 i 与隐层节点 j 的连接权值；

b_k——输出层节点 k 的阈值；

a_j——隐层节点 j 的阈值；

$f_o(x)$——输出层的激活函数；

$f_H(x)$——隐层的激活函数。

误差反向传播：当输出层的实际输出值与期望值不符时，误差从输出层向隐含层、输入层逐层反传，并按误差梯度下降的方式逐层修正各连接权值和阈值，直至样本均方误差降至最小为止的过程。误差函数表示如下：

$$J(\vec{u}) = \frac{1}{2} \sum_{k=1}^{K} (O_k - \bar{O}_k)^2 \tag{3.52}$$

式中　$\vec{u}$——网络所有权值和阈值的向量；

O_k——第 k 个输出节点的期望输出值。

其中，误差反向传播过程中的权值和阈值按下式调整：

$$\vec{u}(t+1) = \vec{u}(t) - \lambda(t) \vec{\nabla} u(t) \tag{3.53}$$

$$\vec{\nabla} u(t) = \frac{\partial J}{\partial \vec{u}} \tag{3.54}$$

式中　λ——学习效率。

75

样本均方误差计算公式为

$$E = \frac{1}{N} \sum_{l=1}^{N} \sum_{k=1}^{K} (O_{lk} - \bar{O}_{lk})^2 \qquad (3.55)$$

式中　n——样本总数；

O_{lk}, $\bar{O}_{lk}$——第 l 个样本第 k 个输出节点的实际输出值和期望值。

BP 神经网络算法在应用时的基本逻辑思路由图 3.17 中的算法流程图表示。

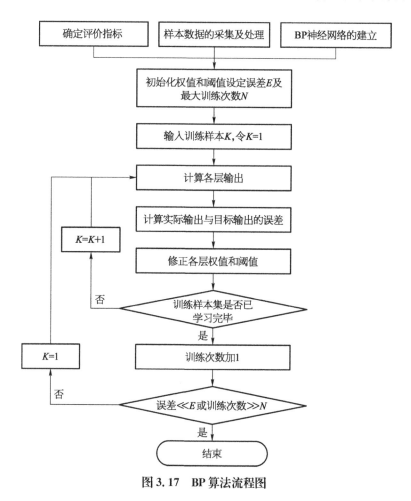

图 3.17　BP 算法流程图

3.5.3　模型求解

本案例的训练样本是基于 Fanger 提出的 PMV 数学模型，在输入变量取值范围内取值，随机生成 400 组数据作为 BP 神经网络的样本数据。输入变量的取值范围如下：人体新陈代谢率 M 为 46～232 W/m²，服装热阻 I_{cl} 为 0～2 clo，空气温度 t_a 为 10～30℃，空气相对湿度 φ 为 30%～70%，空气流动速度 v_a 为 0～1 m/s，平均辐射温度 t_r 为 10～40℃，人体对外做功 W 为 0(人静坐状态)。

在数据用于训练之前,本案例对数据做了以下准备工作:数据预处理与后加工、数据划分。数据预处理即所有数据经转换后分布在比较接近的范围内,以此提高神经网络训练的效率;后加工就是将神经网络的输出数据转换成原始目标数据形式,以便于数据的后续使用;数据划分即确定样本数据被划分为训练数据、验证数据、测试数据的比例和划分方式。

本案例采用的预处理方法是对输入向量和输出向量进行归一化处理;本案例采用70%、15%、15%的比例随机划分数据,其中70%的数据用于网络训练调整权值和偏置,15%的数据用于网络验证,另外15%用于网络测试。

1) BP 结构网络的确定

(1) 确定输入层、输出层节点数。由 PMV 数学模型可知,影响 PMV 值的有六个因素,因此,输入层有 6 个神经元,分别是空气温度 t_a、空气相对湿度 φ、空气流动速度 v_a、平均辐射温度 t_r、人体新陈代谢率 M、服装热阻 I_{cl},而输出层则为 1 个神经元,即 PMV 指标值。

(2) 确定隐含层层数。尽管隐含层层数的增加,可以使网络精度提高,误差也会相应降低,但是,网络结构也会随着隐含层层数的增加而变得越复杂,网络的训练时间也会增长,网络的稳定性也会有所下降,所以必须根据实际情况并权衡利弊来选择隐含层的层数。同时,研究证明,三层的 BP 神经网络能任意逼近任何非线性函数,因此,本案例确定使用单层的隐含层,即利用 BP 神经网络建立 PMV 指标的 3 层神经网络预测模型。

(3) 确定隐含层节点数。隐含层节点数目的确定方法虽有很多,如经验公式法、单元合并与删除法等,但其适用性均不强,因此,本案例采用尝试法,经具体环境反复尝试后,最终确定隐含层节点数为 10 个,所以 BP 神经网络的结构最终确定为 6 - 10 - 1 结构。

(4) 其他参数确定。除上述网络结构的主要参数外,还确定了 BP 神经网络的最大步数为 1 000,学习率为 0.01,学习目标为 0.001。

2) 模型仿真

本案例在 MATLAB 7.11 版本下,采用 MATLAB 语言编写算法程序,结合MATLAB 神经网络工具箱,利用上述的参数设置及样本数据构建了基于 BP 神经网络的热舒适度预测模型。仿真结果如图 3.18 所示。图 3.18 给出了 PMV 指标的实际输出与期望输出比较曲线,并给出了两者的绝对误差图。图 3.18 的横坐标代表输入样本数组,即每一数组代表一个热舒适工况,由影响 PMV 值的六个因素的相应数值组成,纵坐标代表相应工况的 PMV 值。

从图 3.18 的仿真结果可知,利用简单的 BP 神经网络建立的热舒适度预测模型,其收敛速度较慢,且预测误差也较大。产生这些问题的原因,是传统的 BP 神经网络是一种局部搜索的优化方法,且其训练算法实质为梯度下降算法。因此,算法的收敛速度慢,且易陷入局部最小;同时,该算法对网络初始值、学习效率等较敏感,训练结果不稳定。因此,基于 BP 神经网络的 PMV 预测模型,虽然解决了 PMV 数学模型的非线性计算问题,

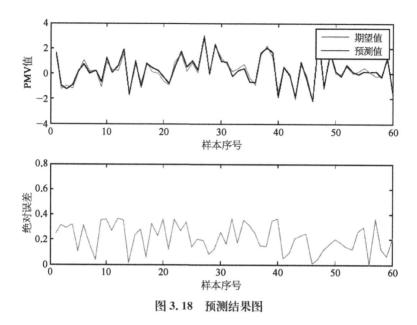

图 3.18　预测结果图

但因 BP 神经网络算法对网络初始权值和偏置较敏感且易陷入局部最小,该预测模型算法收敛速度慢且预测精度不高。这也是之后需要进行改进的方向。

3.5.4　案例总结

本案例首先对热舒适度各指标进行了介绍,并确定了所需的指标体系。然后,对热舒适度建模方法进行了分析与对比,进一步确定了建模的基础算法。接着,针对 BP 神经网络算法给出了基本介绍,并详细说明了该算法的学习过程以及算法流程。最后,分析了 BP 神经网络在热舒适度预测模型上的应用,包括训练样本的选择、BP 的设计、网络模型的构建、模型的训练及仿真等,最终建立了基于 BP 神经网络的热舒适度预测模型,并针对仿真结果进行了分析讨论,指出了 BP 神经网络算法目前存在的缺点,这会在之后的研究中加以改进。

第 4 章

工程案例之燃气供应篇

4.1　遗传算法在城市燃气管网优化中的应用

4.1.1　问题提出

城市燃气管网系统是城市公用设施的重要组成部分,是城市建设现代化的标志之一,关系着千家万户的日常生活。现代化的城市燃气输配系统是复杂的综合设施,主要由以下几部分构成:

(1) 低压、中压以及高压等不同压力的燃气管网。

(2) 城市燃气分配站或压送机站、调压计量站或区域调压室。

(3) 储气站。

(4) 电信与自动化设备、电子计算机中心。

燃气管道要根据输气压力来分级。我国城市燃气管道根据输气压力一般分为以下几种:

(1) 低压燃气管道,压力小于 0.01 MPa。

(2) 中压 B 燃气管道,压力为 0.01～0.2 MPa。中压 A 燃气管道,压力为 0.2～0.4 MPa。

(3) 次高压 B 燃气管道,压力为 0.4～0.8 MPa。次高压 A 燃气管道,压力为 0.8～1.6 MPa。

(4) 高压 B 燃气管道,压力为 1.6～2.4 MPa。高压 A 燃气管道,压力为 2.4～4.0 MPa。

随着燃气事业发展,我国城市燃气管网已从过去的低压系统发展为中压管网与楼栋调压相结合的系统,提高了供气质量并节约能源。因此,城市燃气管网的优化成为值得考虑的一个重要问题。

4.1.2　模型建立

任何一个燃气输配系统,不仅应当在运行中安全可靠,而且要经济合理。要使燃气输配系统具有很高的经济指标,需要选择正确的管径、合理的管道定线方案以及燃气调压室、分配站的数目等。

从技术经济观点来看,任何输配系统的方案,均可用下列指标来评价投资费用即工程造价和运行费用,后者决定燃气输配成本。本案例拟采用在不考虑资金时间价值的情况下,将管网年成本设计寿命期内最小作为设计方案优化的最优准则。

燃气输配管网成本计算中,不同压力的管网其计算费用均包括管网的造价和运行费用。在计算函数形式相同,管网造价取决于管道价格和敷设费用。管网运行费用与管道埋设深度、土壤和路面性质、管道材料及其连接方式、施工机械化程度等有关。可以将管道敷设费用近似地分为与管径有关和无关两类,单位长度管道的造价 $C_{造}$ 可以表达为

$$C_{造} = a + bD \tag{4.1}$$

因此,管网投资费用 $K_{投}$ 为

$$K_{投} = \sum_{k=1}^{M}(a + bD_k)L_k \tag{4.2}$$

管网运行费用包括管网折旧含大修、小修和维护费用,常以占投资费用的百分数表示:

$$S_{运行} = (f' + f'')K_{投} \tag{4.3}$$

考虑到城市燃气管网的小修与维护费用主要与管道长度有关,与管径关系很小,因此,式(4.3)可进一步表达为

$$S_{运行} = f'K_{投} + b'\sum_{k=1}^{M}L_k \tag{4.4}$$

如果管网的投资偿还年为 T' 年,在不考虑资金时间价值的情况下,管网年成本 Z 为

$$Z = S_{运行} + \frac{K_{投}}{T'} = f'K_{投} + b'\sum_{k=1}^{M}L_k + \frac{\sum_{k=1}^{M}[(a+bD_k)L_k]}{T'}$$

$$= \left(f' + \frac{1}{T'}\right)\sum_{k=1}^{M}[(a+bD_k)L_k] + b'\sum_{k=1}^{M}L_k \tag{4.5}$$

由于成本计算是在网络初步确定后进行的,因而管网中各管段的长度是已知的,考虑到函数优化结果与式(4.5)中的常数项无关,则子管网年成本目标函数可以表达如下:

$$\min F(X) = \min\left(f' + \frac{1}{T'}\right)\sum_{k=1}^{M}(bD_kL_k) \tag{4.6}$$

根据压力降方程

$$\Delta P_k = K\frac{Q_k^{\alpha}}{D_k^{\beta}}L_k \tag{4.7}$$

约束条件式可分别写为

$$\sum_{k \in K_i}Q_k = q_i \quad (i = 1, 2, 3, \cdots, N-1) \tag{4.8}$$

$$\sum_{k \in K_i}K\frac{Q_k^{\alpha}}{D_k^{\beta}}L_k = 0 \quad (l = 1, 2, 3, \cdots, H) \tag{4.9}$$

$$\sum_{k \in K_{hnd}}K\frac{Q_k^{\alpha}}{D_k^{\beta}}L_k = \Delta P \quad (hnd = 1, 2, 3, \cdots, ZO) \tag{4.10}$$

则由式(4.6)~式(4.10)组成的优化问题中,设计(决策变量)为 $X = (D_1, D_2, \cdots,$

D_M，Q_1，Q_2，…，$Q_M)^{\mathrm{T}}$。

另外根据式(4.7)，得

$$D_k = K^{\frac{1}{\beta}} Q_k^{\frac{\alpha}{\beta}} \Delta P_k^{-\frac{1}{\beta}} L_k^{\frac{1}{\beta}} \tag{4.11}$$

则式(4.6)可改写为

$$\min F(X) = \min\left(f' + \frac{1}{T'}\right) \sum_{k=1}^{M} (bK^{\frac{1}{\beta}} Q_k^{\frac{\alpha}{\beta}} \Delta P_k^{-\frac{1}{\beta}} L_k^{\frac{1}{\beta}+1}) \tag{4.12}$$

式(4.1)~式(4.9)中　a，b，b'——管材价格系数；

　　　　　　　　f'——管网折旧费(包括大修费)占投资的百分数；

　　　　　　　　f''——管网小修和维护管理费占投资的百分数；

　　　　　　　　L_k——管长；

　　　　　　　　T'——投资偿还期，作为经济效益比较的期限。

城市燃气管网模型管内流体属于低速稳态流动，管内介质可作为不可压缩流体处理。考虑质量守恒、能量守恒、技术要求等因素，燃气管网应满足以下各种约束条件。

节点流量满足基尔霍夫第一定律，即节点流量平衡。设离开节点的流量为正，流向节点的流量为负，任一节点流入流量之和应等于流出该节点的流量之和，即任一节点的流量代数和等于零，满足质量守恒：

$$\sum g_{ij} + Q_i = 0 \quad (i=1, 2, 3, \cdots, N) \tag{4.13}$$

式中　$\sum g_{ij}$——与节点 i 相关联的管段流量之代数和(t/h)；

　　　Q_i——节点的输出流量(t/h)；

　　　N——节点个数；

　　　j——与节点 i 关联的节点；

　　　i——节点下标。

压力约束，即压力平衡。对于流体网络的每个闭合环路，满足基尔霍夫第二定律：从一个节点至另一个节点间，沿不同管线计算的压力损失相等。如规定顺时针方向介质引起的压力损失为正，相反为负，则任一闭合环路的压力损失代数之和等于零，也就是能量守恒。

$$\sum_{L}^{B_k} h_{ij} - \delta h_k = 0 \quad (k=1, 2, 3, \cdots, L) \tag{4.14}$$

式中　$\sum_{L}^{B_k} h_{ij}$——属于基本环路的管段压力损失之和；

　　　δh_k——环路平差精度；

　　　L——基本环路个数；

　　　B_k——属于环路的管段数。

费用越小,方案越佳。燃气管网的每个用户节点,资用压力必须大于用户的允许的压力才能保证管网运行的安全性和可行性。用户节点资用压力约束表示为

$$P_j \geqslant P_j^* \qquad (j = 1, 2, \cdots, u) \tag{4.15}$$

式中　P_j——用户 j 资用压力;

　　　　P_j^*——用户 j 设计预留压力损失;

　　　　j——用户节点下标;

　　　　u——用户数。

各用户节点的计算资用压力应大于各用户的设计预留压力,满足每个用户流量达到设计流量所需的数量。

标准管径为离散变量,并且只能在一定的范围内选取。决策变量应在工程可用的管径范围内选择。管径取值范围约束为

$$D_{\max} \geqslant D \geqslant D_{\min} \qquad (h = 1, 2, \cdots, B) \tag{4.16}$$

式中　$D_{\max}$,$D_{\min}$——标准管径序列的最大值、最小值;

　　　　D_h——h 管段的可选管径。

需要指出的是在实际应用中,可以根据燃气管网的规模,适当减小可选管径的范围,例如对于较小的工程,适当缩小管径的上限公称管径,可以使可行解空间大大减小,提高算法的收敛速度并减小大量无效的计算时间消耗。

综上所述给出天然气网络成本优化的一般模型:

目标函数:

$$\min F(D_1, D_2, \cdots, D_M) \tag{4.17}$$

约束条件:

$$\sum_{k \in K_i} Q_k = q_i \qquad (l = 1, 2, 3, \cdots, h) \tag{4.18}$$

$$\Delta P_k = K \frac{Q_k^\alpha}{D_k^\beta} L_k \tag{4.19}$$

$$P_s = 定值 \tag{4.20}$$

$$P_{\min} \leqslant P_i \leqslant P_{\max} = P_s \tag{4.21}$$

$$D_k \in (可选管段) \tag{4.22}$$

其中约束条件式(4.19)和式(4.20)也可以合并成如下形式:

$$\sum_{k \in K_{hnd}} \Delta P_k = \Delta P = P_s^2 - P_{\min}^2 \qquad (hnd = 1, 2, 3, \cdots, ZO) \tag{4.23}$$

式中　D_k——管网中管段 k 的直径;

　　　　L_k——管网中管段 k 的长度;

M——管网中的管段数；

K_i——与节点 i 相连的管段集合；

K_l——与环 l 相连的管段集合；

K_{hnd}——由气源点到管网零点 hnd 的路径中管段的集合；

ZO——管网中的零点数；

ΔP——管网允许压力降（注供气点到零点的压降）；

S_t——某种调压站布局方案；

NP——调压站候选设置点的总数；

q_i——管网中节点的负荷；

Q_k——管网中管段的流量；

N——管网中的节点数；

ΔP_k——管网中管段的压力降；

K——与燃气性质有关的系数；

α，β——与燃气流动状态和管道粗糙度有关的系数；

H——管网中的环数；

P_s——管网中门站（或调压站）的出口压力，即气源点压力；

P_{min}，P_{max}——分别为管网中允许的最小节点压力和最大节点压力。

4.1.3　模型求解

遗传算法自提出以来，已经在科学、工程、经济等领域得到良好的应用。在 20 世纪 90 年代初遗传算法已经开始应用于给水管网优化中，在不断改进、完善的同时，其应用已经逐渐扩展到城市给水系统总体规划以及城市给水管网现状分析等课题中。本案例借鉴给水管网优化中的遗传算法的应用，将遗传算法与燃气管网水力计算相结合，提出适合于燃气管网设计的优化计算。

遗传算法模块的基本框架如图 4.1 所示。下面将按照程序编制的顺序来对城市燃气管网优化中的遗传算法模块进行具体介绍，管网优化设计的遗传算法实现流程如图 4.2 所示。

1) 管径编码与优化方案的表示

在遗传算法的操作中，它不对所求解问题的实际变量直接进行操作，而是对表示可行解的个体编码施加选择、交换、变异等遗传运算，通过这种遗传操作来达到优化的目的，这是遗传算法的特点之一。遗传算法通过这种对个体编码的操作，不断搜索适应度较高的个体，并在群体中逐渐增加其数量，最终寻求出问题的最优解或近似解。在遗传算法中如何描述问题的可行解，即把一个问题的可行解从其解空间转化

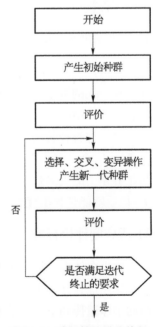

图 4.1　遗传算法模块构架

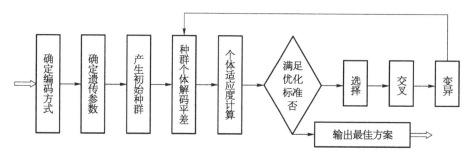

图 4.2　管网优化设计中的遗传算法实现流程

到遗传算法所能处理的搜索空间的转化方法就称为编码。

具体对于燃气管网来说,编码就是将管网各管段的管径用一个数字串表达出来,而这个数字串就因此包含了管网的管径信息。

目前还没有一套既严密又完整的推导理论及评价标准帮助我们设计编码方案。借鉴前人的方法,本案例用二进制代码来表示优化问题的解。由于管网优化问题的决定变量为管径,因此必须对每一个优化过程中可能出现的标准管径分配一个二进制字符串。

例如,一个有 7 条管段的管网,管径分别为

$$76/76/133/108/89/89/108 (\text{mm})$$

如果用二进制编码方法,则该管网管径信息的编码为

$$0000|0000|0011|0010|0001|0001|0011$$

在遗传算法模块中处理的对象是二进制字符,最后得到的最优方案要解码还原成标准的工程管径。

2) 产生初始群体

随机产生 N 个个体形成初始群体,每个个体就是由所有管段的管径按照一定顺序连接在一起的数字串,这个顺序就是管段的编号顺序。因此不同的个体代表了不同的管段管径选择情况。而个体的产生方法是:调用随机函数 $rand()$ 产生随机数,每个随机数对应着一种管径管网由多少管段组成就调用多少次随机函数。要产生 N 个个体,只需重复 N 次个体产生操作就可以了。这样就生成了我们所需要的初始群体。起初,这个初始群体中的大多数个体肯定很难满足要求,但是从这里出发,通过遗传运算,择优汰劣,最后就能选择出优秀的个体,满足目标函数的要求。

3) 适应度评价标准

评价个体即计算个体的适应度。遗传算法中使用适应度这个概念来度量群体中各个个体在优化计算中有可能达到或接近于或有助于找到最优解的优良程度。适应度较高的个体遗传到下一代的概率就较大;而适应度较低的个体遗传到下一代的概率就相对小一些。遗传算法其实就是以群体中各个体的适应度为依据,通过一个反复迭代过程,

不断地寻求出适应度较大的个体,最终就可得到问题的最优解或近似最优解。而度量个体适应度的函数称为适应度函数(fitness function)。适应度函数是从燃气管网优化的目标函数转换而来的:

$$\text{Fitness} = \frac{1}{F(D_1, D_2, \cdots, D_n)} \tag{4.24}$$

要计算个体的适应度就要知道管网经济评价函数 $K(D_j, L_j)$ 的值和惩罚项 $Pr \sum_{i=1}^{N} \Phi_i(P) + C$ 的值。因为对于一个具体的个体来说,各管段管径是确定的,所以经济评价函数的大小很容易计算得到,而惩罚项的值就必须对个体进行水力计算来确定。

4) 选择

选择操作建立在对个体的适应度进行评价的基础之上。在遗传算法中,应该是更满足目标函数即适应度较高的个体将有更多机会遗传到下一代,而适应度较低的个体遗传到下一代的机会就相对较少。为实现这个机理,遗传算法使用选择算子来对群体中的个体进行优胜劣汰。事实上,选择操作就是用来确定如何从父代群体中按某种方法选取哪些个体遗传到下一代群体中的一种遗传运算。遗传算法中选择操作的方法主要有适应度比例法、期望值法、排位次序法、精华保留法等。在借鉴相关领域遗传算法的应用经验后,在前人采用的基本遗传算法的基础上采用了排序选择方法与保留精华法结合使用。排序选择方法的主要思想是对群体中的所有个体按其适应度大小进行排序,基于这个排序来分配各个个体被选中的概率。其具体操作过程是:

(1) 对群体中的所有个体按其适应度大小进行降序排序,具体编程时本案例采用的排序方法是快速排序法。

(2) 设计一个概率分配表,将各个概率值按上述排列次序分配给各个个体。

(3) 以各个个体所分配到的概率值作为其能够被遗传到下一代的概率,基于这些概率值用比例选择(赌盘选择)的方法来产生下一代群体。保留精华法的思想是首先分别找出到目前为止遗传操作中所有出现过的个体中适应度最大的那个个体和当前群体中适应度最小的个体,然后将前者把后者替换掉。这样做的好处是能保证最优个体存活下来并指导以后的遗传操作优化的方向,而不会由于选择、变异的随机性而被淘汰。这样一代一代地重复下去,不但各代的平均适应度值逐步提高,其最优个体的适应度值也保持攀升的状态,加速了收敛过程。

5) 交叉

交叉操作的设计和实现与所研究的问题密切相关,要求它既不要太多地破坏个体编码串中表示优良性的优良模式,又要能够有效地产生出一些较好的新个体模式。因此,交叉算子的设计要和编码设计统一考虑。城市燃气管网一般具有 20 根以上需要设计计算的主管段,如果随机概率大于或等于交叉概率就进行交叉操作,反之则不进行交叉。

6) 变异

基本遗传算法中的基本位变异操作改变的只是个体编码串中的个别几个点上的值，并且变异发生的概率也比较小，所以其发挥的作用比较慢，作用效果也不明显。本案例采用的变异方法是两点互换变异，即在一个个体上随机确定要进行交换的两点，如果随机概率大于所确定的变异概率就交换这两点的值，如果没有达到变异概率的话就不进行交换。这样做可以改善遗传算法的局部搜索能力、维持群体的多样性并防止早熟现象。

7) 遗传算法的运行参数

遗传算法中需要选择的运行参数主要有个体编码长度 L、群体大小 M、交叉概率 P_c、变异概率 P_m、终止代数 T。这些参数对遗传算法的运行性能影响较大，但却没有理论来指导，需要从实际解决的问题出发认真选取。

（1）编码串长度 L。由于是管网的优化操作所以很自然的编码串亦即个体的长度 L 为管网的管段总数。

（2）群体大小 M。群体大小 M 表示群体中所含个体的数量。当 M 取值较小时，可提高遗传算法的运算速度，但却降低了群体的多样性，有可能会引起遗传算法的早熟现象；而当 M 取值较大时，又会使得遗传算法的运行效率降低。

（3）交叉概率 P_c。交叉操作是遗传算法中产生新个体的主要方法，所以交叉概率一般应取大值。但若取值过大的话，它又会破坏群体中的优良模式，对进化运算反而产生不利影响；若取值过小的话，产生新个体的速度又较慢。所以，常采用自适应的思想来确定交叉概率 P_c。自适应的可以随遗传操作进化的情况和个体优化的程度来确定交叉概率（随在线性能的提高增大 P_c），具体如下：

$$P_c = \begin{cases} 0.8(f_{max}-f_c)/(f_{max}-\bar{f}), & f_c \geqslant \bar{f} \\ 0.8, & f_c < \bar{f} \end{cases} \quad (4.25)$$

式中 $f_{max}, \bar{f}$ ——群体中最大适应度值、平均适应度值；

f_c ——要变异的个体适应度。

（4）变异概率 P_m。若变异概率 P_m 取值较大的话，虽然能够产生出较多的新个体，但也有可能破坏掉很多较好的模式，使得遗传算法的性能近似于随机搜索算法的性能；若变异概率 P_m 取值太小的话，则变异操作产生新个体的能力和抑制早熟现象的能力就会较差。同样地，常采用自适应的思想来确定变异概率 P_m，随着遗传算法在线性能的下降，可以减小变异概率 P_m 的取值。具体如下：

$$P_c = \begin{cases} 0.05(f_{max}-f_m)/(f_{max}-\bar{f}), & f_m \geqslant \bar{f} \\ 0.05, & f_m < \bar{f} \end{cases} \quad (4.26)$$

式中 f_m ——要变异的个体适应度。

（5）终止代数。终止代数 T 是表示遗传算法运行结束条件的一个参数，它表示遗传算法运行到指定的进化代数之后就停止运行,并将当前群体中的最优个体作为所求问题的最优解输出。

4.1.4　模型应用

遗传算法进行运行时首先需要编码并产生初始群体,该燃气输配管网的管径是控制变量,标准管径可取如下一组:(150,200,250,300,350,400,450,500)。用二进制编码方式表示管径分别为000,001,010,011,100,101,110,111。这样就完成了对管径的编码工作。经济性指标如本书第2章所述,其中管材的价格系数取为2。

按照上述遗传算法的运行过程及相关参数,利用C++Builder编程计算,在产生初始群体时,用程序附带的rand函数来随机产生初始群体。然后按照遗传算法流程进行各种操作,直至满足终止条件。初始群体规模取为50,选择算子采用赌盘选择法,交叉算子采用单点交叉,变异算子采用随机均匀变异。交叉概率和变异概率分别取为0.5和0.05。

1) 工程概况

如图4.3所示的低压管网,表格中注明环网各边长度(m)及节点流量。气源是焦炉煤气,密度是0.46 kg/m³,$\gamma = 25 \times 10^{-6}$ m²/s。管中的计算压力降为500 Pa。表4.1给出了详细的管网信息。

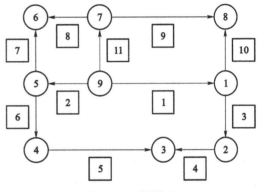

图4.3　工程图示

表4.1　管网信息

编　号	管段长度/m	节点流量/(m³/h)
1	400	334.95
2	300	143.8
3	450	144.65
4	300	160.45
5	400	223.7
6	450	248.5
7	600	327.15
8	300	198
9	400	401.85
10	600	
11	600	

2）计算结果

按照前述的管网优化方法及选定的参数,进行管网方案的优化选择,其计算结果见表4.2。

表 4.2　遗传算法优化结果

编 号	管段流量/(m³/h)	管段压降/Pa	管径/mm	节点流量/(m³/h)
1	770.97	331.895	250	334.95
2	539.567	387.2	200	143.8
3	283.917	181.805	200	144.65
4	140.117	137.342	150	160.45
5	4.533	0.433	150	223.7
6	164.983	276.15	150	248.5
7	150.884	313.654	150	327.15
8	97.616	72.046	150	198
9	45.897	25.23	150	401.85
10	152.103	318.214	150	
11	470.663	603.864	200	

4.1.5　案例总结

本案例利用先前建立的燃气管网参数优化数学模型以及提出的改进遗传算法对城市的中压和低压燃气环网进行参数优化设计研究。在选取了基础数据、遗传控制参数后,根据遗传算法实现的步骤得到了管网的最优参数组合方案。实际算例表明,本案例提出的优化算法和优化模型能够得到满足工程需要的优化结果,对城市燃气管网环网的管径优化设计有一定的参考价值。

4.2　短期天然气负荷预测问题研究

4.2.1　问题提出

早在20世纪60年代,国内有学者开始对天然气负荷预测进行研究。由于天然气负荷受许多非线性因素及不确定因素的影响,因此进行准确的短期负荷预测是非常困难的。传统的负荷预测方法有线性回归分析法、时间序列法和灰色系统理论等,这三种方法各有优点,但大多是基于线性数据预测的模型,因此不适合复杂的天然气负荷预测。

80 年代中后期,专家系统在负荷预测中取得一定的成果。进入 90 年代以后,BP 神经网络因其具有非线性映射、任意精度逼近、有很强的泛化能力和自学习等优势在模式识别、评价、预报等领域获得广泛的应用,为解决天然气负荷预测提供了一种有效途径。但是,常规的神经网络存在局部最小、过学习以及隐层网络节点数选取缺乏理论指导等缺陷,削弱了它们的预测能力。

因此,针对当前天然气负荷预测存在的一些难题和传统 BP 神经网络存在的缺陷,提出一种基于遗传算法 GA 优化和 BP 神经网络的天然气负荷预测方法 GA - BP,并通过仿真实验对其预测性能进行验证。结果证明,该算法针对天然气短期负荷预测具有一定的可行性和应用价值。

4.2.2　模型建立

1) BP 神经网络预测模型

天然气负荷除具有以周、日的周期变化特点外,还由于受到天气、季节、节假日等诸多因素影响,其复杂性导致天然气负荷波动十分频繁,呈高度非线性、时变性、分散性和随机性等特点。传统线性预测方法无法全面描述天然气负荷变化规律,使模型预测精度常不尽人意。BP 网络是目前使用最广泛的神经网络,具有非线性逼近、自适应学习能力。既能描述天然气负荷周期性,又能反映负荷影响因素对负荷的变化作用,非常适合复杂、非线性的天然气负荷预测。因此,采用 BP 神经网络对天然气负荷预测,以提高天然气负荷的预测精度。

理论上,具有单隐层的 3 层 BP 网络可以解决任何非线性映射问题。影响天然气负荷的各种因素与负荷的对应关系,可以看成一个多维空间与多维空间的非线性函数的映射问题,因此只要建立 3 层网络模型(输入层、隐层、输出层),其中输入层数据为各影响因素,输出层数据为短期天然气负荷,就可以很好地模拟该映射问题,对短期天然气负荷进行较好的预测。BP 神经网络预测模型结构如图 4.4 所示。

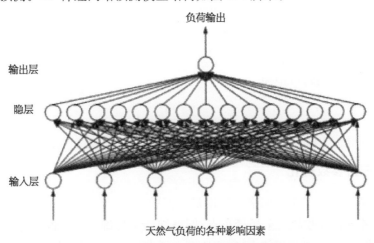

图 4.4　短期天然气负荷预测模型结构

在 BP 网络中,输入层的节点决定了隐含层神经元的数量,设第 i 个样本点的输入向量为 $x_i = \{x_1, x_2, \cdots, x_n\}$。期望输出 $y_k = \{y_1, y_2, \cdots, y_m\}$。则隐含层输出为

$$h_j = f\left(\sum_{i=1}^{n} W_{ij}^* X_i - a_j^*\right) \quad (j = 1, 2, \cdots, l) \tag{4.27}$$

BP 神经网络预测输出为

$$O_k = \sum_{j=1}^{l} W_{jk}^* h_j - b_k^* \quad (k = 1, 2, \cdots, m) \tag{4.28}$$

BP 神经网络预测误差为

$$e_k = y_k - O_k \tag{4.29}$$

更新后权值为

$$W_{ij}^* = W_{ij} + \eta h_j (1 - h_j) X_i \sum_{K=1}^{m} W_{jk} e_k \tag{4.30}$$

$$W_{jk}^* = W_{jk} + \eta h_j e_k \tag{4.31}$$

更新后阈值为

$$a_j^* = a_j + \eta h_j (1 - h_j) X_i \sum_{K=1}^{m} W_{jk} e_k \tag{4.32}$$

$$b_k^* = b_k + e_k \tag{4.33}$$

式中　n——输入层节点数;

　　　l——隐含层节点数;

　　　m——输出层节点数;

　　　w_{ij}, w_{jk}——输入层、隐含层和输出层神经元之间的连接权值;

　　　a_j——隐含层阈值;

　　　b_k——输出层阈值;

　　　η——学习速率;

　　　f——隐含层激励函数。

采用 Sigmoid 函数,可记为

$$f(x) = \frac{1}{1 + e^{-x}} \tag{4.34}$$

2) BP 神经网络参数优化

传统 BP 算法是人工神经网络中应用最广泛的算法,但是存在着一些缺陷:学习收敛速度太慢;不能保证收敛到全局最小点;网络结构不易确定等。而经过非线性最优化算法 LM 改进后的 BP 神经网络 LM - BP,优化后仍存在一定的问题,即网络结构确定、

初始连接权值选取和阈值的选择。

BP 神经网络输入层、隐含层和输出层神经元之间的连接权值 w_{ij}、w_{jk},隐含层阈值 a_j、输出层阈值 b_k 对 BP 网络性能有着很大影响,因此要获取最优天然气负荷预测精度,那么首先需要选择最优的 w_{ij}、w_{jk}、a_j、b_k,从而建立最优的天然气负荷预测模型。

针对此类预测问题,提出 GA - BP 算法先采用全局搜索能力较强的 GA 取代一些传统学习算法对 BP 神经网络结构先进行训练(即学习连接权值和阈值),全局搜索得到可行解,再引入 BP 算法对可行解进行局部优化,直至满足收敛条件和精度要求,得到最优解。

基于 GA - BP 神经网络参数的优化步骤为:

(1) 设置 BP 神经网络 w_{ij}、w_{jk}、a_j、b_k 的初始值。

(2) 设置遗传算法初始参数值,最大迭代代数、种群数目、交叉概率、变异概率等。

(3) 采用实数编码制度对 w_{ij}、w_{jk}、a_j、b_k 进行编码,并生成初始种群。

(4) 计算每一个个体的适应度值。

(5) 对种群中的个体进行选择、交叉和变异等操作,产生新一代的种群。

(6) 判断是否满足寻优结果条件,如果满足,则得到最优个体,并反编码为 BP 神经网络最优参数,否则转(4),继续执行。

3) 基于 GA - BP 的天然气负荷预测流程

基于 BP 神经网络的天然气负荷预测过程具体如下:

(1) 收集天然气负荷原始数据。

(2) 对天然气负荷历史数据进行算数平均滤波。由于天然气历史负荷数据易受诸多因素的影响,异常数据对于预测结果精度有着直接的影响。

(3) 天然气负荷数据归一化处理。归一化处理可以可加快预测模型的训练速度。

(4) 样本数据训练集和测试集的选择。训练集用于参数优化,建立最优预测模型,测试集用于对建立的模型性能进行检验。

(5) 设置 BP 神经网络参数的初始值。

(6) 对 BP 神经网络进行学习和训练,并设置期望输出。

(7) 通过 GA 对 BP 神经网络参数进行优化。

(8) 利用优化得到的最优 BP 神经网络参数建立预测模型。

(9) 对天然气负荷进行预测,并输出预测结果。

4.2.3　模型求解

为了验证所提出 GA - BP 算法的预测性能,采用宁夏某企业 2005—2012 年 2—3 月连续 45 d 的天然气使用量作为实例进行仿真。其中,将数据分成两部分,2005—2012 年的前 38 d 数据作为训练集,最后一周数据作为测试集,由于历史数据过多,这里只给出前

5 d 和第 45 d 的天然气负荷数据。已归一化后的天然气负荷数据见表 4.3。

表 4.3   某企业天然气负荷归一化后数据

年 份	1 d	2 d	3 d	4 d	5 d	⋯	45 d
2005	−0.33	−1	−1	−0.33	1	⋯	0.33
2006	−1	−1	−0.5	−0.5	0.5	⋯	0.5
2007	−1	−0.5	−0.5	−1	0.5	⋯	1
2008	−0.5	−0.5	−0.5	−1	0.5	⋯	0.5
2009	−0.5	−0.5	−0.5	−1	0.5	⋯	0.5
2010	−1	−1	−0.5	−1	0.5	⋯	0.5
2011	−1	−1	−1	−1	1	⋯	1
2012	−1	−0.5	−0.5	−1	1	⋯	1

1）实验环境和初始参数设置

遗传算法仿真参数设置：种群规模 50，交叉概率 0.3，变异概率 0.15，遗传代数 100；BP 神经网络初始值设置：隐含层节点数 25，学习率 0.01，最大训练次数 100，显示间隔 10，训练目标 0.001。

2）GA‑BP 预测性能测试实验

以表 4.3 中数据作为测试基准，应用传统 BP 神经网络算法、LM‑BP 和 GA‑BP 神经网络算法进行预测性能测试，并对结果进行了比较分析。预测结果分别见图 4.5、图 4.6 和图 4.7，其中"○"代表真实值，"△"代表预测值。

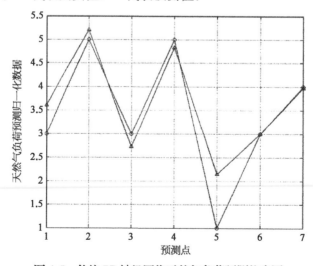

图 4.5   传统 BP 神经网络天然气负荷预测仿真图

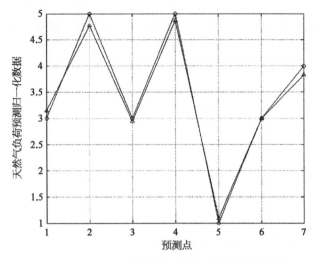

图 4.6　LM‐BP 神经网络天然气负荷预测仿真图

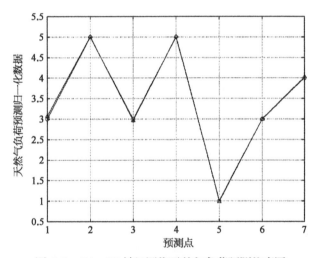

图 4.7　GA‐BP 神经网络天然气负荷预测仿真图

为定量地评价几种天然气负荷预测方法的预测精度,采用相对误差(relative error, RE)对预测结果进行评价,RE 定义如下:

$$RE = \frac{y_i - \hat{y}_i}{y_i} \times 100\% \tag{4.35}$$

式中　y_i,$\hat{y}_i$——天然气负荷实际值和预测值。

根据相关文献,相对误差的绝对值不大于 3%,说明该模型精度较高。以预测结果相对误差不大于 3% 衡量,从图 4.7 可以看出,GA‐BP 预测模型 7 个点的相对误差的绝对值小于 3%,且这 7 个点的预测误差几乎接近于 0;对于 LM‐BP 预测模型,除 1 个点相对误差为 0 之外,其余 6 个点的相对误差都在 0~2% 之间;而传统的 BP 预测模型的预测结果中,有 1 点最大相对误差超过了 3%,有 4 个点的预测相对误差在 2%~3% 之间,只有 2 个点的预测相对误差接近 0。所以无论从预测点的预测误差相比较，还是从负荷预测精度要求的点数相比较，提出的 GA - BP 预测模型的预测精度均高于改进后的 LM - BP 神经网络模型和传统的 BP 神经网络模型的预测精度。

4.2.4 案例总结

天然气负荷进行准确预测是天然气管网的优化的基础，对于输配管网的设计与运行管理质量，对供气系统正常运行具有极其重要的意义。短期天然气负荷受住户、企业用量及天气、季节、节假日等因素影响，具有随机性和周期性的特点。因此，针对短期天然气负荷变化的特点，提出一种基于 GA - BP 的天然气负荷预测模型，并通过某企业天然气数据对模型性能进行验证。仿真结果表明，所提出的预测模型有较好的预测精度，具有一定的可行性和良好的适应性。为管网的优化运行提供了重要的理论支持，为解决燃气工程领域复杂问题提供了一定的新思路。

第 5 章

工程案例之能源动力篇

5.1　基于混合算法的压力传感器温度补偿研究

5.1.1　问题提出

压阻式压力传感器广泛应用于各个领域,但是压阻式压力传感器存在温度漂移这一缺点,由于其测量精度受温度影响很大,因此不能够在温差变化范围较大场合使用,这就制约了压阻式压力传感器实用化进程的发展,因此必须要对压阻式压力传感器进行温度补偿,消除其对温度的敏感程度。

5.1.2　模型建立

1) 压力传感器工作原理

压阻式压力传感器工作原理如图 5.1 所示。初始时刻电阻 R_1、R_2、R_3 和 R_4 阻值相同,构成惠斯通电桥(Wheatstone Bridge)。当外界产生压力时,处于正应力区域的电阻 R_1 和 R_3 阻值增大,处于负应力区域的电阻 R_2 和 R_4 阻值降低,如果在传感器上施加输入电压 V_B,则传感器输出电压为

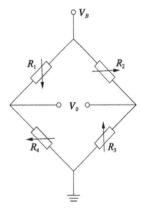

$$V_0 = \frac{(R_1 R_3 - R_2 R_4) V_B}{(R_1 + R_2)(R_3 + R_4)} \tag{5.1}$$

温度对压力传感器的影响主要体现在压阻系数是与温度有关的函数,压阻系数会随着温度升高而降低,随着温度降低而升高。其次,当环境温度变化时会对传感器产生附加的热应力,由于扩散电阻具有不同的热膨胀系数,则会产生附件压阻效应。

图 5.1　压阻式压力传感器工作原理

2) 温度补偿原理

对传感器进行为温度补偿原理如图 5.2 所示,通常压力传感器在低温段和高温段受到温度影响较大,因此在此阶段使用补偿性能较好,但对系统要求较高的 RBF 神经网络

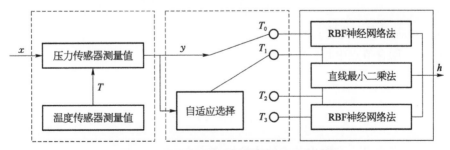

图 5.2　压力传感器温度补偿系统工作原理

模型进行补偿,在中间段采用普通直线最小二乘法补偿模型即可。通过设定温度阀值实现不同补偿模型之间的切换。

3) 直线最小二乘法补偿原理

使用直线方程对传感器进行温度补偿:

$$y = \alpha + \beta x + e \tag{5.2}$$

式中　α——常数项;

　　　β——系数;

　　　e——拟合误差。

其中

$$\alpha = \left(\sum_{i=1}^{n} y_i - \beta \sum_{i=1}^{n} x_i \right) / n \tag{5.3}$$

$$\beta = \frac{n \sum_{i=1}^{n} x_i y_i - \sum_{i=1}^{n} x_i \sum_{i=1}^{n} y_i}{n \sum_{i=1}^{n} x_i^2 - \left(\sum_{i=1}^{n} x_i \right)^2} \tag{5.4}$$

在使用直线拟合方程进行拟合时,为了使直线拟合的区间尽可能的大,从而提高整体温度补偿方法的效率,降低计算复杂度,需要根据精度要求,自动搜寻中间线性段的区间。令初始的区间为 $[t_1, t_2] = [t_0, t_1]$,对初始区间进行直线拟合,得到拟合误差的最大值 e_{max} 若大于设定误差下限,则令 $t_1 = t_1 + \tau$,其中 τ 为温度值采样间隔,对新生成的区间再次进行直线拟合,得到拟合误差的最大值 e_{max} 若仍然大于设定误差下限,则令 $t_2 = t_2 - \tau$,对新生成的区间再次进行直线拟合,如此反复循环,直到得到拟合误差的最大值 e_{max} 低于或等于设定误差下限。

4) RBF 神经网络温度补偿模型

RBF 神经网络通常由输入层、隐含层以及输出层组成,隐含层输出为

$$\varphi_i(X) = \exp\left(-\frac{\| X - C_i \|^2}{\sigma_i^2} \right) \tag{5.5}$$

式中　σ_i——基函数的宽度;

　　　C_i——隐含节点中心。

输出层为

$$Y = \sum_{i=1}^{h} \omega_i \varphi_i(X) + b_0 \tag{5.6}$$

式中　w_i——隐含节点与输出节点的连接权值;

b_0——输出偏差。

RBF 神经网络中,基函数的宽度 σ_i、隐含节点中心 C_i 以及隐含节点与输出节点的连接权值 w_i 是需要确定的基本参数。常规 RBF 神经网络中,分别使用 K-均值聚类算法和下降梯度算法两阶段离线算法对基函数的宽度 σ_i、隐含节点中心 C_i 以及输出节点的连接权值 w_i 进行获取。

本案例为提高常规 RBF 神经网络泛化能力,采用混合优化算法获取最优 RBF 神经网络的基函数的宽度 σ_i、隐含节点中心 C_i 以及输出节点的连接权值 w_i 值,发挥进化算法优秀的全局搜索能力以及梯度下降算法优秀的局部搜索能力,进而提高传感器非线性段温度补偿效果。具体方法如下:

首先要设置混合优化算法中种群规模、精英个体数量、操作概率等基本参数。

随后采用二进制编码方式对隐含层节点进行编码,实数编码方式对基函数的宽度 σ_i、隐含节点中心 C_i 进行编码这样的混合编码方式,混合编码结构如图 5.3 所示。

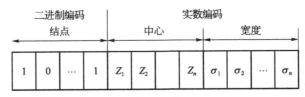

图 5.3　混合编码结构

之后使用训练样本对神经网络进行训练,如果满足终止条件,则停止优化,所带参数即为最优网络参数,并建立温度补偿模型。

如果不满足终止条件,则使用加权适应度函数进行个体适应度值计算。常规 RBF 神经网络使用进化算法进行优化时,采用的适应度函数为训练样本的误差,这样做法带来的过度拟合现象会导致训练时误差很小,而测试时的误差依然较大。解决问题的方法之一是使用加权误差共同作为适应度函数:

$$E = \alpha Error_A + (1-\alpha)Error_B \tag{5.7}$$

式中　α——权重,$\alpha = 0 \sim 1$;

$Error_A$,$Error_B$——训练误差和测试误差。

通过适当调节权重 α 值来调节训练误差和测试误差在适应度函数中的作用,降低某一方对整体的影响。

然后,为提高了算法局部搜索能力,对进化后的新种群中精英个体使用梯度下降算法迭代搜索,其概率为 p_s。对于不进行梯度下降算法的个体进行单形交叉操作和均匀变异操作。进行单形交叉操作能够使得优化算法在进化前期和后期分别具有良好的全局优化能力和局部优化能力。进行均匀变异操作能够使得种群多样性提高,从而避免早熟现象的发生。

最后继续使用训练样本对神经网络进行训练,循环上述优化过程,直至满足终止条件。

5.1.3 模型求解

根据实验数据,可知在$-20\sim10℃$的低温段以及$55\sim80℃$的高温段,传感器误差变化呈现非线性,而在$10\sim55℃$温度区间内,传感器误差呈现线性变化。因此在$10\sim55℃$温度区间内使用直线最小二乘法进行拟合,在两端使用混合优化RBF神经网络温度补偿模型,参数设定见表5.1。

表5.1 RBF神经网络温度补偿模型参数

项　　目	参　　数	项　　目	参　　数
种群规模N	30	子代个体ρ	5
经营个体S	2	最大迭代次数	100
概率p_s	0.5	训练精度	10^{-4}
变异概率p_m	0.08	输入层	2
扩张比例因子λ	10	输出层	1
父代个体数量μ	10		

使用常规RBF神经网络与混合优化神经网络进行比较研究,训练误差变化曲线如图5.4所示。

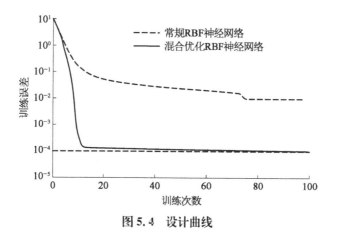

图5.4 设计曲线

经过100次训练迭代后,混合优化RBF神经网络的训练精度达到1.121×10^{-4},常规RBF神经网络的训练精度为1.657×10^{-2}。可以看出,混合优化RBF神经网络比较常规RBF神经网络具有更高的训练精度和训练效率。

分别使用以下4种方法,对压力传感器在$5\sim55$ kPa压力范围以及$-20\sim80℃$温度范围内进行温度补偿:

方法1:在$-20\sim80℃$温度范围内均使用直线最小二乘法温度补偿模型。

方法2:在$-20\sim80℃$温度范围内均使用常规RBF神经网络温度补偿模型。

方法3:在$-20\sim80℃$温度范围内均使用混合优化RBF神经网络温度补偿模型。

方法 4：在 10～55℃温度范围内使用直线最小二乘法温度补偿模型,在－20～10℃以及 55～80℃温度范围内使用混合优化 RBF 神经网络温度补偿模型。

在上述 4 种温度补偿方法作用下,得到传感器测量误差,见表 5.2。

表 5.2　温度补偿方法作用下传感器测量误差

温度/℃	方法 1 误差/%	方法 2 误差/%	方法 3 误差/%	方法 4 误差/%
－20	2.65	1.17	0.54	0.48
－10	3.05	0.95	0.53	0.46
0	3.17	1.26	0.51	0.55
10	0.85	1.13	0.55	0.62
20	0.92	0.94	0.57	0.68
30	0.79	1.32	0.77	0.46
40	1.21	1.05	0.31	0.62
50	0.81	0.91	0.72	0.65
60	2.18	0.88	0.65	0.53
70	2.88	1.23	0.57	0.43
80	2.65	1.14	0.33	0.49

表 5.2 中各温度值对应的数据为使用该种温度补偿方法时,5～55 kPa 各个压力点下的误差平均值。在－20～80℃温度范围内,使用温度补偿方法 1 的平均误差为 1.92%,使用温度补偿方法 2 的平均误差为 1.09%,使用温度补偿方法 3 的平均误差为 0.55%,使用温度补偿方法 4 的平均误差为 0.53%。

在－20～80℃温度范围内均使用直线最小二乘法温度补偿模型,在 10～55℃温度范围内直线最小二乘法温度补偿模型显现了较好的补偿效果,误差在 1%以下,但是在两端低温和高端区域,误差较大,在 2%～3%之间。

在－20～80℃温度范围内均使用常规 RBF 神经网络温度补偿模型,显现了 RBF 神经网络温度补偿模型较好的拟合效果,误差控制在 1%左右。

在－20～80℃温度范围内均使用混合优化 RBF 神经网络温度补偿模型,显现了本案例使用的混合优化算法对 RBF 神经网络温度补偿模型的优化性能,误差控制在 1%以内。在 10～55℃温度范围内使用直线最小二乘法温度补偿模型,在－20～10℃以及 55～80℃温度内使用混合优化 RBF 神经网络温度补偿模型,误差控制在 0.5%左右,与方法 3 相比相差不大,但是在 10～55℃温度范围内温度补偿速度大大提高,提高了整体温度补偿效率。

5.1.4　案例总结

(1) 在各温度范围内均使用直线最小二乘法温度补偿模型时,在中间温度范围显现了较好的补偿效果,但是在两端低温和高端区域,误差较大。

（2）在各温度范围内均使用 RBF 神经网络温度补偿模型时,显现了 RBF 神经网络温度补偿模型较好的拟合效果。

（3）使用混合优化算法优化 RBF 神经网络温度补偿模型后,使得补偿效果有所提升。

（4）在中间温度范围使用直线最小二乘法温度补偿模型,在两端低温和高端区域内使用混合优化 RBF 神经网络温度补偿模型,能够大大降低温度对传感器的影响,同时提高整体温度补偿效率。

5.2 基于粒子群算法的新能源集群多目标无功优化策略研究

5.2.1 问题提出

新能源发电具有间歇性、波动性等特点,大规模的新能源并入电网为无功平衡和电压调整带来困难,进而影响系统的安全稳定运行。所以,进行无功优化对于提高系统运行的安全性、可靠性和经济性具有重要意义。

在围绕新能源汇集、外送、消纳所开展的大量研究中,电压源换流器构成的柔性直流输电系统（voltage source converter based HVDC，VSC - HVDC）受到广泛关注,其具有运行控制方式灵活多变、可直接向孤立的远距离负荷供电、不存在换相失败问题、可实现有功和无功的独立控制等优点。因此,研究适用于柔性直流送出的新能源集群无功优化方法显得十分迫切且意义重大。

本案例综合考虑系统网络损耗和新能源集群无功裕度,建立了孤网接入柔直电网的新能源集群多目标无功优化模型。使用加权法将多目标优化模型转化为单目标优化模型,并采用粒子群优化算法求解得到最优解。

5.2.2 模型建立与求解

5.2.2.1 多目标无功化

1) 稳定功率特性及控制方式

如图 5.5 所示, $u_s = U_s \angle \theta_s$, $u_c = U_c \angle \theta_c$, $u_\Delta = U_\Delta \angle \theta_\Delta$ 分别为等效新能源集群的端口电压、换流站的输入电压及 MMC 的上、下桥臂电抗器的虚拟等电位点电压; $R_{sys} + jX_{sys}$ 为从换流站到等效新能源集群的输电通道阻抗; $R_T + jX_T$ 为换流变压器的等效阻抗; R_L 为换流站损耗的等效电阻; X_{L0} 为换流站的桥臂电抗,当换流站为双极时 c 与 Δ 点间的电抗为 $X_{L0}/4$ 。

实际运行时,VSC - HVDC 的控制对象一般为交流电压、直流电压、有功功率和无功

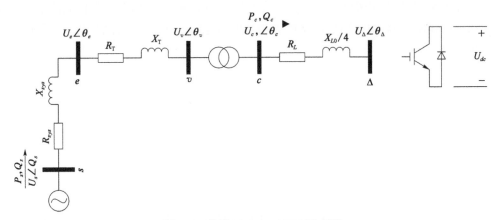

图 5.5　单端 MMC‑HVDC 示意图

功率。对每个 VSC,进行潮流计算时需在以上 4 个变量中选 2 个,常用的组合为:① 定有功功率、定无功功率控制;② 定直流电压、定无功功率控制;③ 定有功功率、定交流电压控制;④ 定直流电压、定交流电压控制。对于两端 VSC‑HVDC 来说,常见的控制方式组合为①④,②①,②③和③④。对多端 VSC‑HVDC 来说,其控制方式组合数目更多。

当新能源集群作为孤网接入柔直电网时,需要换流站为新能源集群提供电压参考,故新能源侧换流站只能采用定交流电压、定频率控制。

图 5.5 中 c 点为平衡节点,各新能源场站均为 P、Q 节点。通过潮流计算可得 c 点有功功率 P_c 及无功功率 Q_c。故换流站损耗为

$$P_{\text{VSC·loss}} = \frac{P_c^2 + Q_c^2}{U_c^2} R_L \tag{5.8}$$

2) 多目标无功优化模型

(1) 目标函数。

① 系统网络损耗指标。孤网接入柔直电网的新能源集群的系统网络损耗包括交流网络损耗和直流网络损耗。由于直流电压变化很小,故直流线路损耗几乎保持不变。本案例忽略直流线路损耗,引入系统网络损耗指标:

$$f_1 = \sum_{k \in N_B} P_{k\cdot\text{loss}} + P_{\text{VSC·loss}} = \sum_{i \in N_B} g_k (u_i^2 + u_j^2 - 2u_i u_j \theta_{ij}) + \frac{P_c^2 + Q_c^2}{U_c^2} R_L \tag{5.9}$$

式中　u_i,u_j——支路 i,j 两端的电压幅值;

　　　θ_{ij}——相角度差;

　　　g_k——支路的电导;

　　　$P_{k\cdot\text{loss}}$——该支路的网损;

　　　$P_{\text{VSC·loss}}$——换流站的网损;

　　　N_B——所有支路集合。

② 新能源集群无功裕度指标。为提高电压控制的响应速度,并实现新能源集群暂态电压稳定的预防控制,引入新能源集群无功裕度指标(f_2 取值越小,说明新能源集群无功裕度越大):

$$f_2 = \| \Delta Q_{ne} \|^2 = \sum_{i=1}^{N_Q} \left(\frac{Q_{nei}^2}{Q_{neimax}^2 - Q_{neimin}^2} \right)^2 \tag{5.10}$$

式中　N_Q——新能源场站并网点的集合,$i \in N_Q$;

　　　　Q_{nei}——i 节点的新能源场站的实时无功功率;

　　　　Q_{neimax},Q_{neimin}——i 节点的新能源场站的可调无功上限和可调无功下限。

③ 目标函数。在对以上指标归一化处理的基础上,以系统网络损耗最小和新能源集群无功裕度最大为目标,建立孤网接入柔直电网的新能源集群的无功优化模型的目标函数,即

$$\min F = \min(\lambda_1 f_1^* + \lambda_2 f_2^*) \tag{5.11}$$

式中　λ_1,λ_2——f_1^* 和 f_2^* 在目标函数中的权重系数,满足 $\lambda_1 + \lambda_2 = 1$。

目标归一化处理方式如下:

$$\left. \begin{array}{l} f_1^* = (f_1 - f_1^{min})(f_1^{max} - f_1^{min})^{-1} \\ f_2^* = (f_2 - f_2^{min})(f_2^{max} - f_2^{min})^{-1} \end{array} \right\} \tag{5.12}$$

(2) 约束条件。

① 正常工况下交流系统约束。式(5.13)、式(5.14)为交流系统潮流方程,式(5.15)、式(5.16)为节点 i 上的电压和无功出力约束;式(5.17)为交流线路有功约束:

$$P_{Gi} - P_{Di} - P_{Si} = U_i \sum_{j=1}^{n} U_j (G_{ij} \cos\theta_{ij} + B_{ij} \sin\theta_{ij}) \tag{5.13}$$

$$Q_{Gi} - Q_{Di} - Q_{Si} = U_i \sum_{j=1}^{n} U_j (G_{ij} \sin\theta_{ij} - B_{ij} \cos\theta_{ij}) \tag{5.14}$$

$$V_{imin} \leqslant V_i \leqslant V_{imax} \tag{5.15}$$

$$Q_{Gimin} \leqslant Q_{Gi} \leqslant Q_{Gimax} \tag{5.16}$$

$$P_{ijmin} \leqslant P_{ij} \leqslant P_{ijmax} \tag{5.17}$$

式(5.13)~式(5.17)中　P_{Si},Q_{Si}——交流系统由节点 i 向直流系统传输的有功和无功,流入直流系统为正;

　　　　　　　　P_{Gi},Q_{Gi}——节点 i 的发电机有功和无功出力;

　　　　　　　　P_{Di},Q_{Di}——节点 i 的有功和无功负荷;

　　　　　　　　V_{imin},V_{imax}——节点 i 电压的上、下限;

　　　　　　　　Q_{Gimin},Q_{Gimax}——节点 i 的发电机无功出力的上、下限;

　　　　　　　　P_{ijmin},P_{ijmax}——交流线路 ij 可通过有功的上、下限。

② 正常工况下 VSC - HVDC 系统约束。式(5.18)～式(5.29)为换流站内部变量约束：

$$\frac{U_c}{U_v} = \frac{U_{cN} + T_{step} U_{cN} T_{tap}}{U_{vN}} \tag{5.18}$$

$$U_{\Delta x} = U_c - X_{L0} Q_c / (4U_c) \tag{5.19}$$

$$U_{\Delta y} = -X_{L0} P_c / (4U_c) \tag{5.20}$$

$$U_{\Delta} = \sqrt{U_{\Delta x}^2 + U_{\Delta y}^2} \tag{5.21}$$

$$m = \frac{\mu U_{\Delta}}{U_{dc}/2} \tag{5.22}$$

$$\left| \frac{P_c + jQ_c}{U_c} \right| \leqslant I_{cN} \tag{5.23}$$

$$S = \sqrt{P_s^2 + Q_s^2} \tag{5.24}$$

$$P_s^2 + Q_s^2 \leqslant (\sqrt{3} U_s I_{max}) \tag{5.25}$$

$$T_{tap} \in [-5, -4, \cdots, +5] \tag{5.26}$$

$$P_{smin} \leqslant P_s \leqslant P_{smax} \tag{5.27}$$

$$S_{min} \leqslant S \leqslant S_{max} \tag{5.28}$$

$$m_{min} \leqslant m \leqslant m_{max} \tag{5.29}$$

式中　T_{step}——变压器抽头调节步长；

　　　T_{tap}——变压器抽头位置；

　　　I_{max}——可通过换流器的最大电流；

　　　μ——直流电压利用率；

　　　m——调制比；

　　　U_{dc}——单极直流电压；

　　　S——换流变压器传输视在功率；

　　　P_{smin}，P_{smax}——流入柔性直流系统有功的上、下限；

　　　S_{min}，S_{max}——换流变压器传输视在功率的上、下限；

　　　m_{min}，m_{max}——调制比的上、下限。

5.2.2.2　粒子群优化算法

1）基本粒子群算法

粒子群优化算法最初由 Kennedy 和 Eberhart 博士提出,其基本思想源于对鸟群寻觅食物行为的研究。假设在 d 维空间中共有 m 个粒子组成一个群,空间维数由待优化问题的变量数决定。将每个粒子作为 d 维空间里的一点,并赋予粒子一定的位置和速度,对于第 i 个粒子的位置和速度可分别表示为 $X_i = (x_{i,1}, x_{i,2}, \cdots, x_{i,d})$ 和 $V_i = (v_{i,1}, v_{i,2}, \cdots, v_{i,d})$。

第 i 个粒子迭代到目前为止的最好位置称为个体极值,记为 $p_{\text{best}} = P_i$;而全部粒子迭代到目前为止的最好位置称为群体极值,记为 $g_{\text{best}} = P_g$。各粒子速度和位置的更新公式,见式(5.30)和式(5.31)。

$$v_{i,j}(t+1) = \omega v_{i,j}(t) + c_1 r_1 [p_{i,j} - x_{i,j}(t)] + c_2 r_2 [p_{g,j} - x_{i,j}(t)] \quad (5.30)$$

$$x_{i,j}(t+1) = x_{i,j}(t) + v_{i,j}(t+1), \quad j = 1, 2, \cdots, d \quad (5.31)$$

式中　i——粒子编号;

　　　j——空间维数;

　　　t——当前迭代次数;

　　　w——惯性权重系数;

　　　c_1,c_2——学习因子;

　　　r_1,r_2——$[0, 1]$之间服从均匀分布的随机数。

为了提高算法的收敛速度,惯性权重系数 w 采用线性递减的方式进行更新,如下式:

$$\omega^t = \omega^{\max} - \frac{\omega^{\max} - \omega^{\min}}{iter_{\max}} t \quad (5.32)$$

式中　$iter_{\max}$——最大进化代数;

　　　$w^{\max}$,$w^{\min}$——w^t 的上、下限。

2) 离散粒子群算法

Clerc 提出了一种解决离散变量优化问题的离散粒子群优化(Discrete Particle Swarm Optimi-zation, DPSO)算法。DPSO 算法与 PSO 算法的迭代寻优原理相类似,而不同的地方在于针对离散变量的优化问题其搜索空间和可行解均为离散值构成的集合。本案例仅给出速度和位置更新的基本公式,公式如下:

$$v_{i,j}(t+1) = c_1 \cdot v_{i,j}(t) \oplus c_2 \cdot [p_{i,j} - x_{i,j}(t)] \oplus c_3 \cdot [p_{g,j} - x_{i,j}(t)]$$
$$(5.33)$$

$$x_{i,j}(t+1) = x_{i,j}(t) \otimes v_{i,j}(t+1) \quad (5.34)$$

3) 模型求解

对于本案例提出的孤网接入柔直电网的新能源集群多目标无功优化模型,采用粒子群优化算法进行求解,步骤如下:

（1）设置粒子群算法种群规模 m、惯性权重系数 w 等参数，在优化模型中各变量（包括新能源场站无功出力和换流变压器抽头位置）的取值范围内随机初始化 m 个粒子，得到 m 个可行解。

（2）将每个粒子代入潮流计算，求得适应度值，并得到个体极值 p_{best} 和群体极值 g_{best}。

（3）更新每个粒子的位置和速度：对于新能源场站无功出力变量，采用基本粒子群算法进行更新；而对于变压器抽头位置变量，采用 DPSO 算法进行更新。

（4）将更新后粒子代入潮流计算，检验是否满足模型的约束条件：若满足，进入步骤（5）；若不满足，在目标函数中增加相应的惩罚项。

（5）检查是否满足停止条件（达到迭代次数），若满足则停止搜索，否则转步骤（2）。

5.2.3　模型应用

5.2.3.1　算例参数

以某地区的孤网接入柔直系统的新能源集群为例进行仿真计算，算例系统如图 5.6 所示。该新能源集群总装机容量为 4 495 MW，19 个新能源场站呈辐射状汇集到 4 个汇集站（A，B，C，D）后集中接入换流站。新能源场站的感性无功补偿按照装机容量的 10% 进行配置，容性无功补偿按照装机容量的 30% 进行配置，换流变压器的调节范围为 1.0±0.012 5×5。

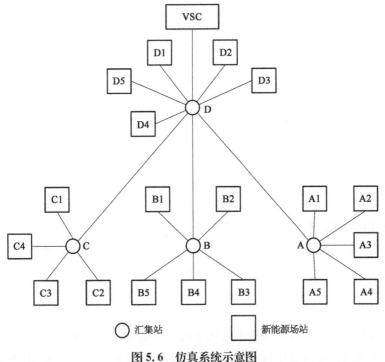

图 5.6　仿真系统示意图

为比较不同优化目标下的无功优化效果,本案例分别采用以下 2 种方式进行仿真:

方式 1:以系统网络损耗最小为单一目标,并满足等式及不等式约束。

方式 2:以系统网络损耗最小及新能源集群无功裕度最大为优化目标,并满足等式及不等式约束。

5.2.3.2 算例分析

对于加权法,λ_1 值越大,优化方案侧重于经济性;λ_2 值越大,则更侧重于新能源集群无功裕度。为了反映优化方案对经济性和新能源集群无功裕度的不同要求,选取 5 组权重系数组合进行测试:第 1 组:$\lambda_1 = 0.9$,$\lambda_2 = 0.1$;第 2 组:$\lambda_1 = 0.7$,$\lambda_2 = 0.3$;…;第 5 组:$\lambda_1 = 0.1$,$\lambda_2 = 0.9$。

方式 1 和方式 2 的无功优化结果分别见表 5.3 和表 5.4。图 5.7 为在不同权重系数组合下多目标无功优化所得解在目标空间中的分布情况(数字 1~5 分别对应于权重系数组合 1~5)。

表 5.3　方式 1 优化结果

优化目标	指　　标	
	网络损耗/MW	无功裕度
网络损耗最小	106.501 5	1.909 7

表 5.4　方式 2 优化结果

λ_1/λ_2	指　　标	
	网络损耗/MW	无功裕度
0.1/0.9	109.565 5	0.209 9
0.3/0.7	108.979 4	0.527 7
0.5/0.5	108.587 4	0.593 4
0.7/0.3	107.871 8	0.718 8
0.9/0.1	106.762 2	1.166 7

由表 5.3 可知,方式 1 的网络损耗最小,但新能源集群的无功裕度也相对较小。由表 5.4 及图 5.7 可知,网络损耗和新能源集群的无功裕度均随着 λ_1 的增大、λ_2 的减小而减小。由于对于不同的权重系数组合,新能源集群无功裕度都相对较大。故为保证系统运行的经济性,选择权重系数组合 $\lambda_1/\lambda_2 = 0.9/0.1$。

图 5.8 为方式 1 和方式 2(选择最佳权重系数组合)的各新能源场站无功出力曲线。可知,方式 1 虽然网络损耗最小,但一些新能源场站的无功出力会接近其无功出力限值,即一些新能源场站的无功裕度非常小;方式 2 在较少增加网络损耗的条件下,有效增大了新能源场站的无功裕度。

为了研究本案例提出的无功功率优化方法对系统电压的影响,将某汇集站母线在方式 2 与在常规潮流计算的电压计算结果进行对比,如图 5.9 所示。可知,本案例使用的

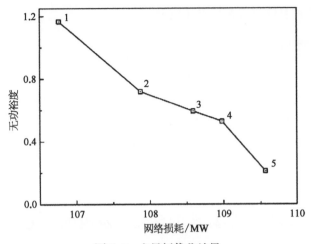

图 5.7 多目标优化结果

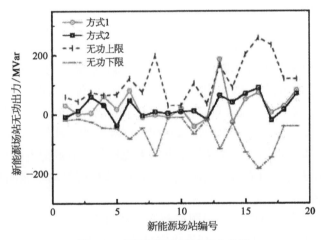

图 5.8 新能源场站无功出力曲线

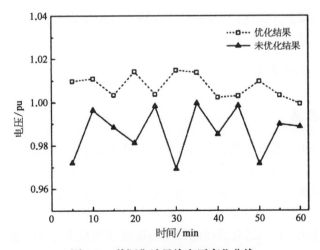

图 5.9 某汇集站母线电压变化曲线

无功功率优化方法可有效改善系统电压质量。

5.2.4 案例总结

综合考虑系统网络损耗和新能源集群的无功裕度,提出了一种适用于孤网接入柔直电网的新能源集群无功优化方法。采用粒子群算法进行求解,选择 $\lambda_1/\lambda_2=0.9/0.1$ 为最佳权重系数组合。仿真结果表明,与方式 1 相比,方式 2 的网络损耗略有增加,而新能源集群的无功裕度明显提高。与常规潮流计算相比,本案例采用的无功优化方法可有效降低网络损耗,改善系统电压质量。

5.3 基于协同进化蚁群算法的含光伏发电的配电网重构

5.3.1 问题提出

近年来光伏发电得到了飞速发展,大规模光伏发电接入配电网已成为必然趋势。配电网重构是通过改变分段开关和联络开关的组合状态,在满足约束的前提下优化用户的供电路径,达到降低网络损耗、改善电压质量以及平衡负荷等目的。大量光伏发电接入配电网后,将会引起网络的潮流分布、功率损耗及节点电压等方面的变化,使得配电网的重构问题更加复杂。大量光伏发电的接入和配电网规模的不断扩大,使传统的配电网逐步发展成为复杂有源配电网。对含光伏发电的大规模复杂有源配电网而言,传统配电网重构优化模型和方法的使用范围受到限制,计算速度、精度等均不能满足大型有源配电网的运行控制要求。

含光伏发电的复杂配电网重构问题控制变量数目多、计算规模大,采用传统优化算法求解计算时间剧增,而且收敛速度减慢也容易陷入早熟。本案例提出了一种基于协同进化蚁群算法的含光伏发电的配电网重构方法,将含光伏发电的复杂配电网重构问题分解为一系列相互联系的子优化问题,通过子区域优化模型和整体优化模型的相互协调,使整个系统不断进化,最终获得最优重构方案。

5.3.2 模型建立与求解

5.3.2.1 重构思路

协同进化法将生态系统的概念引入传统的优化算法中,以生态系统的整体进化来完成最终的求解目的。协同进化算法的本质是利用分解-协调的思想将变量规模大、计算复杂的寻优问题分解为若干个子优化问题,每个子优化问题对应于生态系统中的一个独立物种,物种内部的进化是相互隔离的,各物种间通过个体的交互配合和相互协调,完成生态系统整体的进化。协同进化算法能够缩小搜索范围和提高寻优速度,具有较好的全局寻优能力。

由于含光伏发电的大规模复杂配电网重构是一个多维、非线性、离散的组合优化问题,可利用协同进化算法的快速寻优能力进行求解。假设某配电系统可划分为 A、B、C 三个子区域,如图 5.10 所示。

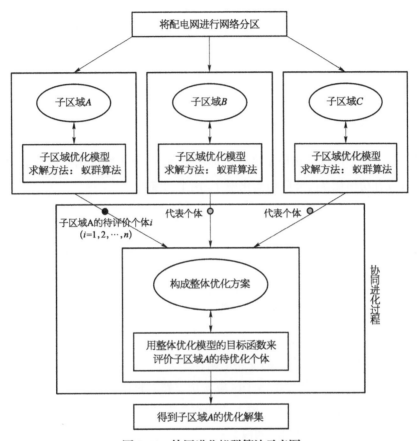

图 5.10　协同进化蚁群算法示意图

以子区域 A 为例,将配电网进行网络分区后,根据建立的子区域优化模型,采用蚁群算法对 A, B, C 三个子区域内部进行独立求解,分别生成子区域的初始优化解集 $X_1 = [x_{11}, x_{12}, \cdots, x_{1n}]$,$X_2 = [x_{21}, x_{22}, \cdots, x_{2n}]$ 和 $X_3 = [x_{31}, x_{32}, \cdots, x_{3n}]$。在对子区域 A 的解的质量进行评价时,需考虑到其对整个配电网的贡献和影响,采用 c‐best 策略,即选取各子区域中最优个体作为该子区域代表,从子区域 B 和子区域 C 的解集中各选取一个控制变量的代表 $x_{2j}(x_{2j} \in X_2)$ 和 $x_{3j}(x_{3j} \in X_3)$,与子区域 A 的个体 $x_{1i}(x_{1i} \in X_1, i = 1, 2, \cdots, n)$ 共同构成整个系统控制变量 $X = [x_{1i}, x_{2j}, \cdots, x_{3j}]$,进而可求出系统整体优化模型目标函数值,并以该值的优劣来衡量子区域 A 新生成的个体 x_{1i}。

在评价子区域 A 的解时,子区域 B 和 C 选出的代表个体保持不变,依次评价完子区域 A 的所有初始解之后,即可择优生成子区域 A 的下一代优化解集。子区域 B 和子区域 C 的进化过程与此相同。该过程反复地进行,3 个子区域通过内部的独立进化和区域之间的相互协作,使整个配电网的运行状况不断优化,一直到满足中断条件为止。

5.3.2.2 配电网重构模型

采用协同进化蚁群算法进行含光伏发电的配电网重构时,考虑到接入光伏发电对配电网造成的影响,在进行潮流计算时将光伏发电节点看做 PQ 节点来处理,建立子区域优化模型和整体优化模型,子优化模型用于生成各子区域内部的重构优化解集,而整体优化模型用于评价各子区域解的优劣。两个模型共同作用、相互协调,可提高系统的优化效率和解的质量。

1) 子区域优化模型

各子区域采用子区域优化模型进行内部网络重构,子区域优化模型目标函数 F_1 须要考虑子区域有功损耗 f_1、负荷均衡化率 f_2 两个因素:

$$\min F_1 = [f_1, f_2]^T \tag{5.35}$$

有功损耗 f_1 为

$$f_1 = \min \sum_{t=1}^{T} \sum_{i=1}^{N_{ki}} R_{ki} \frac{P_{ki}^2 + Q_{ki}^2}{U_{ki}^2} \Delta t \tag{5.36}$$

式中 N_{ki}——子区域 k 的支路数;

R_{ki}——子区域 k 中支路 i 的支路电阻;

P_{ki}, Q_{ki}——接入光伏发电后子区域 k 中支路 i 的有功功率和无功功率;

U_{ki}——接入光伏发电后子区域 k 中功率注入节点的电压;

T——将优化时段划分的时间段数;

Δt——每个时段的时间间隔。

负荷均衡化率 f_2 为

$$f_2 = \min \sum_{t=1}^{T} \sum_{i=1}^{N_{ki}} \left| \frac{S_{ki}}{S_{ki\max}} \right|^2 \tag{5.37}$$

式中 $S_{ki}, S_{ki\max}$——接入光伏发电后,子区域 k 中支路 i 的视在功率和容量。

子区域优化模型满足约束条件如下:

(1) 节点电压约束。

$$V_{k\min} < V_{ki} < V_{k\max} \tag{5.38}$$

式中 $V_{k\min}, V_{k\max}$——子区域 k 中节点电压的上、下限;

V_{ki}——子区域 k 中节点 i 的电压。

(2) 功率平衡约束。

114

$$P_{ki} + P_{PVki} - P_{Iki} = V_{ki} \sum_{i=1}^{n_k} V_{kj} (G_{kij} \cos \delta_{kij} + B_{kij} \sin \delta_{kij}) \Big\}$$
$$Q_{ki} + Q_{PVki} - Q_{Iki} = V_{ki} \sum_{i=1}^{n_k} V_{kj} (G_{kij} \sin \delta_{kij} + B_{kij} \cos \delta_{kij}) \Big\}$$
(5.39)

式中　P_{ki}，Q_{ki}——子区域 k 中注入节点 i 的有功功率和无功功率；

P_{PVki}，Q_{PVki}——子区域 k 中光伏发电向节点 i 注入的有功、无功功率；

P_{Iki}，Q_{Iki}——子区域 k 中节点 i 处的有功、无功负荷；

V_{ki}，V_{kj}——子区域 k 中节点 i，j 的电压幅值；

G_{kij}，B_{kij}，δ_{kij}——子区域 k 中节点 i，j 之间的电导、电纳和电压相角差；

n_k——子区域 k 中的节点总数。

（3）支路电流约束。

$$I_{ki} \leqslant I_{ki}^{\max}$$
(5.40)

式中　I_{ki}——子区域 k 中支路 i 通过的电流值；

$I_{ki}^{\max}$——子区域 k 中支路 i 允许通过的电流上限值。

（4）开关动作次数约束。

$$0 \leqslant O_{PT} \leqslant O_{PT\max}$$
(5.41)

式中　O_{PT}——总的开关操作次数；

$O_{PT\max}$——开关的最大操作次数。

（5）光伏发电出力限制。

$$P_{PVi}^{\min} \leqslant P_{PVi} \leqslant P_{PVi}^{\max} \Big\}$$
$$Q_{PVi}^{\min} \leqslant Q_{PVi} \leqslant Q_{PVi}^{\max} \Big\}$$
(5.42)

式中　P_{PVi}，Q_{PVi}——节点 i 处光伏有功、无功出力；

$P_{PVi}^{\min}$，$Q_{PVi}^{\min}$——节点 i 处光伏电源有功、无功出力下限，$P_{PVi}^{\min} = 0$，$Q_{PVi}^{\max} = 0$；

$P_{PVi}^{\max}$，$Q_{PVi}^{\max}$——节点 i 处光伏电源有功、无功出力上限，且 $Q_{PVi} = \sqrt{S_{PVi}^2 - (Q_{PVi}^{\max})^2}$（$S_{PVi}$ 为光伏电源的容量）。

2）整体优化模型

采用整体优化模型对子区域的重构方案进行评价，配电网总运行费用目标函数为

$$\min F_2 = \sum_{t=1}^{T} c_{ep}^t c_{loss}^t \Delta t + \sum_{j=1}^{N} \sum_{t=1}^{T} c_{swi} \mid s_{ji} - s_{j(i-1)} \mid$$
(5.43)

式中　c_{ep}^t——时段 t 的电价；

c_{loss}^t——配电网在时段 t 内的功率损耗；

Δt——每个时段的时间间隔；

T——将优化时段划分的时间段数；

c_{sui}——开关操作一次的费用;

s_{ji}——支路 j 上的开关在时段 t 的状态,$s_{ji}=0$ 为断开,$s_{ji}=1$ 为闭合。

整体优化模型的约束条件与子区域优化模型一致。

5.3.2.3 配电网重构求解步骤

基于协同进化蚁群算法的含光伏发电的配电网重构具体求解步骤如下。

步骤 1:读入网络的原始数据,设定参数。

将网络构架、开关状态、负荷及光伏数据等信息读入系统中;设定子区域参数 $i=1$,整个系统迭代参数 $N=1$。

步骤 2:对配电网进行网络分区。

在当前配电网运行状态下,以断开的联络开关为分界点,将配电网划分为 m 个初始子区域。

步骤 3:子区域内部优化。

完成初始子区域的划分后,根据建立的子优化模型,采用蚁群算法对各子区域进行内部优化。

步骤 4:调整子区域结构。

一般的协同进化算法中,在形成初始子区域后,子区域结构是固定不变的,当初始子区域结构不合理时会阻碍协同进化的进程。本案例对这一现象进行了改进,在协同进化过程中,不断地调整子区域结构,使子区域内部结构更加合理,加快系统整体的优化效率。

在协同进化的过程中,出现两种情况时需要对子区域结构进行调整:第一种是在步骤 3 中,对子区域 i 进行求解时,求出的解均不能满足约束条件,说明该子区域当前的结构不合理,此时需要合理分配负荷、改变子区域间联络开关的状态优化当前的子区域结构;第二种情况是子区域 i 的结构虽然是合理的,但其负载太重,当平均负载率达到一个上限值时,需调整联络开关,优化子区域间的边界位置,使各子区域的负荷更均衡,以提高线路的合理利用率,使系统达到更优的运行状态。

以子区域 i 为例,对子区域结构进行调整的步骤如下:

(1)根据子区域 i 中各负荷节点与电源点之间等效电气距离的远近挑选子区域 i 的末端负荷 l。配电网中节点 i 与电源点 j 之间的等效电气距离 D_{ij} 可定义为两点之间的负荷 M:

$$D_{ij}=M=P_i L_{ij} \tag{5.44}$$

式中 P_i——节点 L_{ij} 的功率;

L_{ij}——负荷点 i 距电源点 j 的电气通道的距离。

当节点 i 为光伏发电节点时,可将其看成负的负荷节点来处理。

(2)根据平均负载率将其他 $m-1$ 个子区域进行排序,负载率最低的排在第一位,标记为子区域 I,负载率第 2 低的则排在第二位,并标记为子区域 II,以此类推。

子区域 i 的平均负载率计算公式为：

$$\bar{R}_i = \left(\sum_{j=1}^{n_i} \frac{I_{ij}}{I_{ij\,max}}\right) \Big/ n_i \tag{5.45}$$

式中　$\bar{R}_i$——子区域 i 的平均负载率；

I_{ij}——子区域 i 第 j 条支路上传输的电流；

$I_{ij\,max}$——子区域 i 第 j 条支路上传输的电流上限值；

n_i——子区域 i 的支路数。

在计算平均负载率时，将光伏节点看作负的负荷节点来处理。

(3) 从步骤(2)中排在第一位的子区域Ⅰ开始，判断子区域 i 的末端负荷 l 与子区域Ⅰ之间是否有直接的电气连接关系：若有连接关系，则把该末端负荷 l 划分到子区域Ⅰ中去；若无连接关系，则接着判断末端负荷 l 与子区域Ⅱ之间是否直接相连，以此类推，直到找出与末端负荷有直接电气连接的子区域，并将末端负荷 l 划分到该子区域中去。

(4) 在新的子区域结构下对子区域 i 进行求解，若解依然均不满足约束条件或者平均负载率高于 80%，则转到步骤(1)，进行下一轮的结构调整；若解满足约束条件或者平均负载率低于 80%，则迭代终止。

步骤 5：各子区域间协同进化。

从第 i 个子区域 $(i=1)$ 开始，从其他 $m-1$ 个子区域中各选取一个代表个体，与第 i 个子区域的解共同构成整个配电网的解，以总优化目标函数 F_2 的适应度值对第 i 个子区域的解进行评价，选出子区域 i 的下一代优化解集。

步骤 6：判断是否完成一次完整的协同过程。

按照步骤 5 的方法优化完所有的子区域视为完成一次完整的协同进化过程，若 $i < m$，表示还未完成一次完整的协同进化过程，令 $i=i+1$，转到下一个子区域，返回步骤 5 继续进行协同进化操作；否则跳转到步骤 7。

步骤 7：判断是否完成整个优化过程。

若满足迭代终止条件（迭代结果已稳定或已经达到最大迭代次数 N_{max}），则迭代终止，输出最终重构方案；否则，令 $i=1$，转到第 1 个子区域，跳转至步骤 3 继续进行下一轮迭代。

经过上述步骤之后，即可完成对含光伏发电的配电网重构的求解问题。求解流程图如图 5.11 所示。

5.3.3　模型应用

为了验证协同进化蚁群算法在大规模复杂含光伏发电的配电网重构中的有效性，本案例采用某 114 节点配电系统为仿真对象，选择日前时间尺度为优化时段，从目标函数值、电压质量、计算速度几个方面对文中所述方法进行验证。

该 114 节点网络接线如图 5.12 所示，标称电压为 12.66 kV，系统总负荷为 3 271+j2 465 kVA。

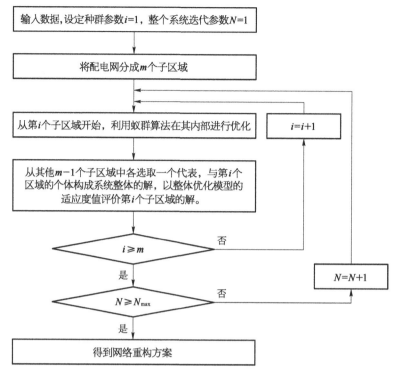

图 5.11 求解流程图

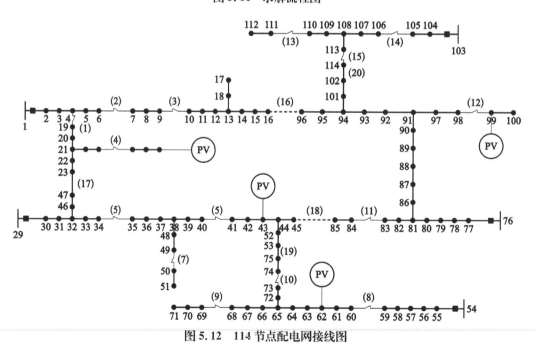

图 5.12 114 节点配电网接线图

该系统共接入 4 台额定功率 300 kW 的光伏电源,功率因数均为 0.85,接入节点编号分别为 28,43,62 和 99。整个系统采用统一的基准值进行计算,将预测的光伏发电日功率曲线进行归一化后得到的光伏功率曲线如图 5.13 所示。

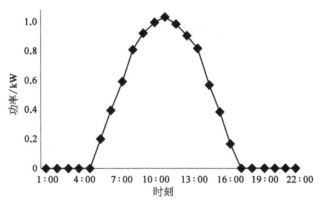

图 5.13　归一化光伏功率曲线

分别用普通蚁群算法和协同进化蚁群算法对该网络进行重构,在日前时间尺度上分为 3 个优化时段,各个时段所得的断开支路、整体优化模型的目标函数值、最低电压和计算时间见表 5.5。

表 5.5　重构方案比较

算　　法	时段 1(00:00—07:00)	时段 2(08:00—14:00)	时段 3(16:00—23:00)	总运行费用/元	最低电压/kV	计算时间/s
普通蚁群算法	73-74, 16-96, 40-41, 23-47, 114-102	16-96, 23-47, 45-85, 53-75, 114-102	16-96, 23-47, 45-85, 53-75, 114-102	1 016.7	10.23	157
本案例算法	73-74, 83-84, 16-96, 23-47, 114-102	40-41, 16-96, 23-47, 45-85, 114-102	16-96, 23-47, 45-85, 53-75, 114-102	652.2	10.41	32

由表 5.5 可知,采用普通蚁群算法对网络进行重构优化后,总运行费用为 1 016.7 元,而采用协同进化蚁群算法优化后运行费用则降为 652.2 元,能更好地提高配电网运行的经济性;采用普通蚁群算法和本案例算法优化后系统最低电压分别 10.23 kV 和 10.41 kV,说明采用本案例所提出的协同进化蚁群算法对配电网进行重构后,得到的电压质量更高;从计算速度上看,普通蚁群算法的计算时间为 157 s,协同进化蚁群算法的计算速度则明显增加,计算时间仅为 32 s,两者的比值约为 5∶1,证明了本案例所提出的算法具有较快的计算速度,在大规模复杂配电网重构中具有一定的实用价值。

本案例算法和普通蚁群算法的收敛特性如图 5.14 所示。由图 5.14 可知,普通蚁群算法在计算次数达到 150 次以上时才趋于收敛,而协同进化蚁群算法在计算次数为 50 次左右就能稳定地收敛,且适应度值更优。由两种算法的收敛特性可得出,本案例所提出的算法,对含光伏发电的复杂重构问题能有效且快速地寻找到最优解,其收敛性能好于普通蚁群算法。

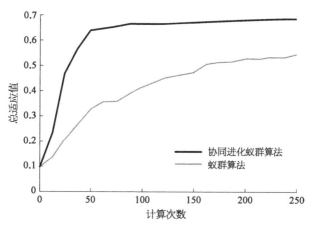

图 5.14　算法收敛特性比较图

将光伏发电从该 114 节点配电系统中撤出之后，再次使用本案例提出的协同进化蚁群算法对配电网进行重构，与含光伏发电时的配电网重构结果进行比较，分析结果见表 5.6。由表 5.6 可知，含有光伏发电时，配电网的运行费用由 731.6 元降低为 652.2 元，减少了 11%；开关操作总次数由 8 次降低为 5 次，节约了设备使用成本；系统最低电压由 9.98 kV 提高到了 10.41 kV，升高了 4.3%。可见，光伏发电接入配电网后，对提高系统的经济性和安全性有不可忽视的作用。

表 5.6　光伏发电对重构的影响

场　　景	运行费用/元	开关动作次数	最低电压/kV
含光伏发电	652.2	5	10.41
不光伏发电	731.6	8	9.98

5.3.4　案例总结

本案例基于协同进化的思想，采用改进蚁群算法对大规模含光伏发电的配电网重构方法进行求解，研究结果表明：以配电网有功功率损耗最小和负荷均衡化率最小的多目标子区域优化模型、以系统总运行费用最小为目标的整体优化模型相互结合，能够较明显地降低网络损耗、均衡线路上的负荷分布、提升节点电压，改善配电网的运行状况、提高配电网的安全性和经济性；采用分组优化、总体评估的优化模式，将含光伏发电的复杂重构问题分解为若干个相互作用的子优化问题，通过交互配合、协调控制和不断进化，最终达到求解目的，能在一定程度上提高算法的计算速度和收敛速度，提高解的质量；光伏发电能够在配电网重构问题中起到降低运行费用、减少开关动作次数和改善电压质量的作用，能在一定程度提高配电网的经济运行。

5.4　双层双阶段分布式能源系统调度优化

5.4.1　问题提出

有效推进能源革命是面对能源供需格局新变化、国际能源发展新趋势,保障国家能源安全的重要基础和根本方向。能源互联网作为具有开放、互联、共享、对等特征的新型能源利用体系将颠覆传统能源供需模式,形成能源新常态,对于推动能源革命进程具有重要意义。作为能源互联网的重要能量自治单元之一,分布式能源系统(distributed energy system,DES)可利用多种能源,如清洁能源(天然气)、新能源(氢)和可再生能源(风能和太阳能等),并同时为用户提供冷、热、电等多种能源应用方式,因此是解决能源危机、能源安全问题,提高能源利用效率的有效途径。从全世界来看,能源利用率越高、环境保护越好的国家,对于发展分布式能源技术的推广应用就越热衷,支持政策越明确。目前,我国分布式能源系统的发展仍处于起步阶段,在全球能源快速转型和电力体制改革不断推进的背景下,我国有必要加快分布式能源的推广应用,实现能源体系的高效清洁发展。分布式能源的逐渐接入,对传统配电网规划和运行提出了新的挑战和要求。为了适应这种转变,传统的无源配电网必须向具备潮流主动控制能力和与负荷互动能力的主动配电网(active distri-bution network,ADN)转变。主动配电网是一种可以优化利用分布式能源资源的技术解决方案,能够消除分布式能源对配电网的影响,实现分布式能源的高效率利用。因此研究主动配电网下的分布式能源系统的调度优化成为当前热点问题之一。

本案例构建主动配电网双层能量管理下的双阶段调度优化模型及其求解算法。首先,本案例以负荷预测以及间歇式能源出力预测数据为基础,建立主动配电网下的分布式能源系统日前和实时两阶段调度优化模型;然后,为能够求解所提出的多目标、非线性优化问题,本案例通过引入微分进化策略对普通强国竞争算法(imperialist competitive algorithm,ICA)进行改进,构建基于微分改进的强国竞争算法(differential evolution and imperialist competitive algorithm,DE-ICA)优化调度求解模型;最后,本案例将所提出的模型及求解算法应用于改造后的 IEEE33 节点仿真系统,通过仿真结果对所提模型进行有效验证。

5.4.2　模型建立

5.4.2.1　分布式能源系统两阶段调度优化模型

主动配电网下分布式能源系统双层双阶段优化调度就是在主动配电网分层能量管理的基础上,通过电网信息交互和有效传递,分别从日前和实时两个阶段出发,针对全局调度和局部区域调度进行全面协调控制,进而达到分布式能源高效利用的目的,其框架如图 5.15 所示。一方面,在日前调度优化中,主动配电网以负荷预测以及区域传递信息数据为基础,通过全局优化算法求解出全局区域优化调度控制策略,实现对日前全局信息和实时有效信息的汇集、分配与控制;另一方面,在实时调度中,主要针对当前分布式能源机组的运行状态,对全局调度控制和区域调度情况进行相应的调整,使得分布式能源能够被最大化地消纳和利用。

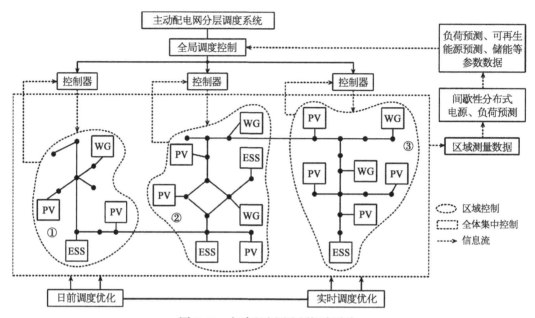

图5.15　主动配电网分层调度系统

1) 日前调度优化模型

　　主动配电网下分布式能源系统调度优化的目的是在确保电网可靠运行和可再生能源最大化利用的前提下,以负荷预测以及间歇式发电出力预测数据为基础,采用最优化算法对主动配电网下的分布式能源(包括分布式电源、储能等)进行统筹协调,确保系统总体运行成本最低,从而实现对分布式能源在周期内的出力情况进行优化调度。在目前电力市场环境条件下,主动配电网下的分布式能源系统日前调度优化的成本主要包括分布式能源发电成本、向主网购电成本、网损成本以及储能成本等。因此,主动配电网下的分布式能源系统的日前调度目标函数可以表示为

$$\min Z_{\text{cost}} = \sum_{t=1}^{T} \left[\sum_{i=1}^{f} c_i(t) P_{grid}^i(t) \Delta t + \sum_{j=1}^{n} c_j(t) P_{DG}^j(t) \Delta t \right] + \cdots +$$
$$\sum_{t=1}^{T} \left[\sum_{k=1}^{m} (c_c(t) - c_d(t)) P_{ESS}^k(t) \Delta t + \sum_{i=1}^{f} c_i(t) \Delta P_{grid}^i(t) \right] \quad (5.46)$$

式中　$c_i(t)$——第i条线路在t时刻的电价;

　　　　$c_j(t)$——第j台分布式发电单元在t时刻的单位运行成本;

　　　　$c_c(t), c_d(t)$——储能设备在t时刻的充、放电成本,当设备处于充电状态时,$c_d(t)$的值为0,当设备处于放电状态时,$c_c(t)$的值为0;

f——全部区域内馈线数量；

n——可控分布式发电单元数量；

m——全部储能设备数量；

$P_{grid}^i(t)$——第 i 条线路在 t 时刻的出口功率值；

$P_{DG}^j(t)$——第 j 台分布式发电单元在 t 时刻的功率值；

$P_{ESS}^k(t)$——第 k 台储能设备在 t 时刻的充电或放电功率值；

$\Delta P_{grid}^i(t)$—— t 时刻的网损值，一般可由式(5.47)求得：

$$\Delta P_{grid}^i(t)=\frac{\lambda_z(t)}{\lambda_z(t)-1}P_{grid}^i(t) \tag{5.47}$$

式中　$\lambda_z(t)$—— t 时刻节点 z 的综合网损值。

如式(5.46)所示，该目标函数充分考虑了分布式能源以及储能设备合理调度带来的全部成本最小化。当分布式能源的发电利用率较高时，电网输送电能较小，此时说明分布式发电的成本应当小于电网的输电成本；当分布式能源成本高于电网成本时，此时可以购买大量的主网电量来满足当前负荷，另外还可以为储能单元进行充电，从而降低购电成本。

在求解上述目标函数的过程中，全部变量和状态变量必须满足一定的约束条件，本案例求解模型的约束条件表示如下：

$$P_{grid}^i(t)+P_{DG}^j(t)+P_{ESS}^k(t)+\Delta P_{grid}^i(t)-\widetilde{P}(t)=$$
$$e_z(t)\sum_{\tau\in N_B}[G_{z\tau}e_\tau(t)-B_{z\tau}f_\tau(t)]+f_z(t)\sum_{\tau\in N_B}[G_{z\tau}f_\tau(t)+B_{z\tau}e_\tau(t)] \tag{5.48}$$

$$Q_{grid}^i(t)+Q_{DG}^j(t)+Q_{ESS}^k(t)+\Delta Q_{grid}^i(t)-\widetilde{Q}(t)=$$
$$f_i(t)\sum_{\tau\in N_B}[G_{i\tau}e_\tau(t)-B_{i\tau}f_\tau(t)]-e_i(t)\sum_{\tau\in N_B}[G_{i\tau}f_\tau(t)+B_{i\tau}e_\tau(t)] \tag{5.49}$$

$$\left.\begin{aligned}0\leqslant P_{grid}(t)\leqslant P_{grid,\max}(t)\\U_z^{\min}\leqslant U_z\leqslant U_z^{\max}\end{aligned}\right\} \tag{5.50}$$

$$P_{DG}^{\min}(t)\leqslant P_{DG}(t)\leqslant P_{DG}^{\max}(t) \tag{5.51}$$

$$\left.\begin{aligned}P_{ESS}^{\min}(t)\leqslant P_{ESS}(t)\leqslant P_{ESS}^{\max}(t)\\0\leqslant P_{ESS}^C(t)\leqslant P_{ESS,\max}^C(t)\\0\leqslant P_{ESS}^D(t)\leqslant P_{ESS,\max}^D(t)\\\sum_{k=1}^m(u_k^C(t)-u_k^C(t-1))\leqslant\eta_1\\\sum_{k=1}^m(u_k^D(t)-u_k^D(t-1))\leqslant\eta_2\\E_{ESS}(0)=E_{ESS}(N_t)\end{aligned}\right\} \tag{5.52}$$

式中　N_B——节点集合；

$e_z(t)$，$f_z(t)$——节点 z 在 t 时刻电压的实部和虚部；

$G_{z\tau}$，$B_{z\tau}$——节点 z 和 τ 之间的互电导和电纳；

$P(t)$——系统在 t 时刻总输出有功功率；

Q——无功功率；

$P_{grid,\max}(t)$——主网在 t 时刻最大输出功率；

$U_z^{\max}$，$U_z^{\min}$——节点 z 最大电压和最小电压；

$P_{DG}^{\min}(t)$，$P_{DG}^{\max}(t)$——分布式电源在 t 时刻最小和最大输出功率；

$P_{ESS,\max}^C(t)$，$P_{ESS,\max}^D(t)$——储能设备在 t 时刻最大充电、放电功率；

$P_{ESS}^{\min}(t)$，$P_{ESS}^{\max}(t)$——t 时刻储能功率的最小值和最大值；

$E_{ESS}(0)$——调度初始时刻的电池储能值；

N_t——实时调度时刻；

$E_{ESS}(N_t)$——调度结束时刻的电池储能值；

$u_k^C(t)$，$u_k^D(t)$——电池 k 在 t 时刻的充电、放电状态；

η_1，η_2——电池在调度周期内的最大充电、放电次数。

式(5.48)、式(5.49)为系统功率平衡约束,式(5.50)为主网输出功率约束,式(5.51)为分布式电源输出功率约束,式(5.52)为储能设备约束条件。

2) 实时调度优化模型

实时调度就是在日前调度的基础上,根据当前时段分布式能源系统的运行状态以及储能的充放电情况,结合超短期负荷预测,对当前各个分布式能源系统运行状态做出及时调整,使得整个配电网区域提高分布式能源有效利用率,降低系统负荷,减少运行费用,从而保证系统安全、稳定地运行。实时调度优化目标主要有两个方面:一是根据分布式能源系统运行情况,对当前系统出力情况进行修正;二是根据当前储能蓄能状态,对当前时段内储能的出力情况进行调整。

(1) 分布式能源系统运行修正模型。以分布式能源运行成本最小为目标,调整或修正当前阶段已运行的分布式电源的出力(包括可控式和间歇性分布式发电),其目标函数为

$$\min Z'_{DG}=\sum_{t=1}^{T}\left[\sum_{i=1}^{n}P'_{DG,i}(t)c_i(t)+\sum_{j=1}^{\tilde{m}}P'_{S,j}(t)c_S(t)+\sum_{k=1}^{q}P'_{W,k}(t)c_W(t)\right]$$

(5.53)

式中　$P'_{DG,i}(t)$——修正后的可控式分布式能源的出力；

$P'_{S,j}(t)$——修正后的光伏发电出力；

$P'_{W,k}(t)$——修正后的风机机组出力；

n，m，q——各机组总个数。

(2) 储能系统出力修正。根据当前阶段储能设备的运行状态来决定储能出力情况,

从而对其进行修正；以储能出力波动成本最小为目标函数：

$$\min Z'^{ESS}_{FLU} = \left| \sum_{k=1}^{m} (c_c(t) - c_d(t))P_k(t)\Delta T - \sum_{t=1}^{N_t} \sum_{k=1}^{m} (c'_c(t) - c'_d(t))P'_k(t)\Delta t) \right|$$

(5.54)

式中　$\sum\limits_{k=1}^{m} (c_c(t) - c_d(t))P_k(t)\Delta T$ ——T 时刻日前调度储能运行总成本；

$\sum\limits_{t=1}^{N_t} \sum\limits_{k=1}^{m} (c'_c(t) - c'_d(t))P'_k(t)\Delta t)$ ——修正后实时调度储能调度运行总成本；

$P_k(t)$，$P'_k(t)$——修正前和修正后储能出力；

$c_c(t)$，$c'_c(t)$——日前阶段和实时阶段充电成本；

$c_d(t)$，$c'_d(t)$——日前阶段和实时阶段放电成本；

N_t——实时调度时刻。

经过修正后的分布式能源（间歇和可控）和储能需满足下列约束条件。

① 修正后储能设备约束条件：

$$\left.\begin{array}{l} 0 \leqslant P'_{k,\,\text{discharge}}(t) \leqslant P_{\text{discharge,\,max}} \\ 0 \leqslant P'_{k,\,\text{charge}}(t) \leqslant P_{\text{charge,\,max}} \\ P_{k,\,\min}(t) \leqslant P'_k(t) \leqslant P_{k,\,\max}(t) \end{array}\right\}$$

(5.55)

② 修正后分布式电源约束条件：

$$P_{DG,\,\min} \leqslant P'_{DG,\,i}(t) \leqslant P_{DG,\,\max}$$

(5.56)

$$P_{S,\,\min} \leqslant P'_{S,\,i}(t) \leqslant P_{S,\,\max}$$

(5.57)

$$P_{W,\,\min} \leqslant P'_{W,\,i}(t) \leqslant P_{W,\,\max}$$

(5.58)

③ 系统总负荷平衡约束：

$$P^i_{grid}(t) + P'_{DG}(t) + P'_S(t) + P'_W(t) + P'_{ESS} - \tilde{P}(t) = 0$$

(5.59)

实时阶段的其他约束条件仍需要满足日前阶段的相关约束条件。

5.4.2.2　差分改进强国竞争算法

1) DE - ICA

ICA 是 Atashpaz - Gargari 和 Lucas 于 2007 年提出的一种基于强国弱国竞争机制的进化算法，属于社会启发的随机优化搜索方法。ICA 具有良好的全局收敛性能，能同时得到多个全局最优解。在传统的 ICA 中，强国竞争操作体现了强国之间的信息交互，然而，强国竞争在每一次迭代中只是将最弱的弱国归于最强的强国，该过程对每个强国的势力大小影响很小，需要多次迭代才能体现出来，强国之间缺乏更有效的信息交互,可能导致早熟。因此,本案例借鉴了微分进化思想,引入了一种微分进化算子,对 ICA 进行微分改进,构建 DE-ICA 模型。在同化操作和竞争操作之间,添加以下操作。

(1)每一个弱国以 M_R 的概率根据式(5.60)进行微分变异:

$$C = C_{olr_3} + F(C_{olr_1} - C_{olr_2}) \tag{5.60}$$

式中 $C_{olr_1}, C_{olr_2}, C_{olr3}$ ——随机选择的 3 个弱国;

$\quad\quad F$ ——变异因子,$F \in [0, 2]$。

(2)对每一维度根据式(5.61)进行微分交叉:

$$D_i = \begin{cases} C_i, & \text{if } rand < C_R \\ C_{oli}, & \text{其他} \end{cases} \tag{5.61}$$

式中 C_R ——交叉因子,$C_R \in [0, 1]$;

$\quad\quad rand$ ——随机数,$rand \in [0, 1]$。

(3)选择采用贪婪策略,当新产生的弱国 D 的势力大于原来弱国的势力时,即 $f(D) < f(C_{ol})$,则更新弱国的位置。

2) DE-ICA 模型在双阶段调度中的应用

将 DE-ICA 优化模型应用于分布式能源系统双阶段优化调度问题中,其求解的一般过程如下:

(1)初始化 DE-ICA 的参数。初始化国家数量 N_{pop}、强国数量 N_{imp}、同化系数 β、偏移方向 γ 和弱国影响系数 ξ。

(2)控制变量编码。假设主动配电网中,分布式电源的数量为 n,则分布式电源出力编码可以表示为

$$P_{DG} = \begin{bmatrix} P_{1,1}^{DG} & P_{1,2}^{DG} & \cdots & P_{1,M}^{DG} \\ P_{2,1}^{DG} & P_{2,2}^{DG} & \cdots & P_{2,M}^{DG} \\ \vdots & \vdots & & \vdots \\ P_{n,1}^{DG} & P_{n,2}^{DG} & \cdots & P_{n,M}^{DG} \end{bmatrix} = [P_{n,M}^{DG}]_t \tag{5.62}$$

式中 $[P_{i,j}^{DG}]_t$ ——在 t 时刻区域 j 内的分布式电源 i 的控制功率($i = 1, 2, \cdots, n$;$j = 1, 2, \cdots, M$);

$\quad\quad P_{ESS} = [P_{k,M}^{ESS}]_t$ ——储能设备出力编码(k 为储能设备数量);

$\quad\quad P_{grid} = [P_{N_l,M}^{grid}]_t$ ——主网出力编码(N_l 为馈线数量)。

因此,全部控制变量可以形成的 N 个国家个体为 $Y = [P_{DG}, P_{ESS}, P_{grid}]_N$。

(3)采用 DE-ICA 模型进行目标函数求解,并得出最终优化结果。优化过程如图 5.16 所示。

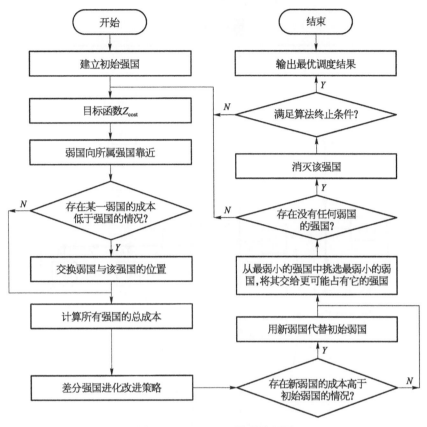

图 5.16 DE‑ICA 模型流程图

5.4.3 模型求解

5.4.3.1 算例描述

为验证上述主动配电网下分布式能源系统调度模型在优化电网运行和调度中的有效性,本案例对标准 IEEE 33 节点系统进行了相应的调整和改造,调整后的算例系统如图 5.17 所示。本案例在改造的 IEEE 33 节点系统中,对负荷较大的节点添加了分布式电源和储能。从图中可以看出,系统中包含的分布式发电单元和储能单元总个数为 19 个,各发电单元类型及配置参数见表 5.7。

假设该算例中,全天调度期内的电力公司售电价格分别为:峰时电价为 0.55 元/(kW·h),平时电价为 0.488 元/(kW·h),谷时电价为 0.33 元/(kW·h),全天 24 h 电价曲线如图 5.18 所示,可以看出,在电价峰时段,通过高电价的设定可以尽可能多地利用分布式电源的出力来减少对主网出力的依赖;在谷时段,可以利用主网出力对储能容量进行补偿。假设燃气轮机发电成本为 0.5 元/(kW·h)。该系统全天负荷值以及间歇性能源全天的功率预测值如图 5.19 所示。

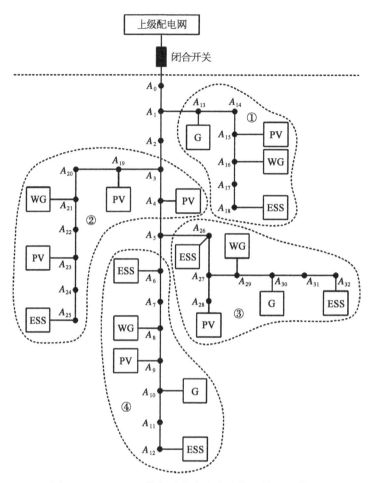

图 5.17　IEEE 33 节点系统及分布式能源单元结构图

表 5.7　分布式能源单元配置参数

序　号	连接节点	类　型	额定容量
1	A_4	光伏	300 kW
2	A_6	储能	250 kW · h
3	A_8	风力	500 kW
4	A_9	光伏	300 kW
5	A_{10}	燃气	500 kW
6	A_{12}	储能	250 kW · h
7	A_{13}	燃气	500 kW
8	A_{15}	光伏	250 kW
9	A_{16}	风力	300 kW
10	A_{18}	储能	250 kW · h

续 表

序 号	连接节点	类 型	额定容量
11	A_{19}	光伏	250 kW
12	A_{21}	风力	300 kW
13	A_{23}	光伏	300 kW
14	A_{25}	储能	500 kW·h
15	A_{26}	储能	500 kW·h
16	A_{28}	光伏	250 kW
17	A_{29}	风力	300 kW
18	A_{30}	燃气	500 kW
19	A_{32}	储能	500 kW·h

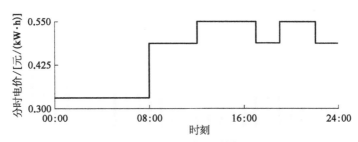

图 5.18　全天 24 h 电价曲线

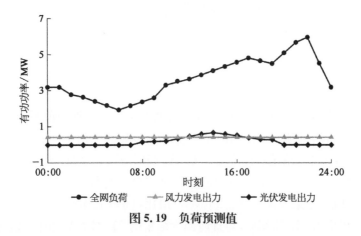

图 5.19　负荷预测值

算法参数设定如下：最大迭代次数 $N_{\max gen}=200$，国家数量 $N_{pop}=100$，强国数量 $N_{imp}=5$，同化系数 $\beta=2$，偏移方向 $\gamma=\pi/4$，弱国影响系数 $\xi=0.1$，变异因子 $F=0.6$，交叉因子 $C_R=0.9$。采用 MATLAB_r2014a 进行编程计算，测试平台环境为 Intel(R) Core(TM) 2 Duo CPU，3GB RAM 和 Windows 7 专业版系统；运行自编程序，分别求解日前调度目标函数和实时调度目标函数，对所得结果进行讨论和分析。

5.4.3.2 日前调度结果

图 5.20 为系统全局日前调度结果。从图中可以看出,系统各时刻负荷的总值为 91.23 MW,间歇性分布式能源出力为 14.95 MW,燃气轮机总出力为 21.34 MW,主网总出力为 54.8 MW,储能总出力为 2.2 MW。系统优化调度后的运行费用为 47 083.64 元,较之未采用优化调度时的运行费用 48 243.21 元,经济效益直接提升了 2.4%;通过优化调度,分布式能源利用率提高了 1.53%。从图中可以看出,储能电池的主要出力时间发生在 00:00—08:00,储能设备处于充电阶段,此时电网负荷处于低谷阶段,可以充分利用主网电力为储能设备提供功率支持,从而降低了充电成本。燃气轮机出力从 06:00 开始至 23:00 结束,全阶段出力基本平稳,说明在峰时阶段能较好地起到削峰的作用,降低峰时阶段的购电成本,而在谷时阶段基本处于停机状态。13:00 时,系统中分布式能源出力达到最大值 2.490 4 MW,此时正好为峰时段,各发电单元的调度出力情况最大化地帮助了分布式能源的消纳,有效地降低了系统运行成本。

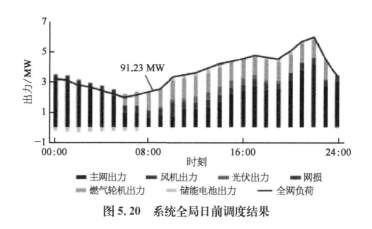

图 5.20 系统全局日前调度结果

5.4.3.3 实时调度结果

图 5.21 为 DE-ICA 计算得出的系统实时调度结果。根据当前系统运行情况,结合实时调度目标函数,通过预测得出当前系统各时刻负荷的总值为 90.646 MW,与日前调度结果 91.23 MW 相比,系统负荷降低了 0.584 MW,并且从整体来看,实时调度结果明显降低了全天调度的峰谷差,系统负荷曲线更加平滑。另外,间歇性分布式能源出力为 15.55 MW,与日前调度结果的 14.95 MW 相比,间歇式分布式能源利用率提高了 3.98%;燃气轮机出力 21.51 MW,与日前调度结果的 21.34 MW 相比,燃气轮机出力提高了 0.8%;储能电池出力 2.491 MW,与日前调度结果的 2.205 MW 相比,储能电池出力上升 12.97%;主网大出力 53.50 MW,与日前调度结果的 54.85 MW 相比,主网出力降低了 2.46%。从图中可看出,在电价峰时段,分布式能源的利用率得到了很大提升,其中储能设备的有效利用率提升最大,并能保证在谷时段进行有效充电,峰时段参与系统削峰作用;在谷时段,风电、光伏出力的增加很大程度上降低了主网出力,从而减少了

电网购电成本。系统实时调度成本为 45 876.25 元,与日前调度运行成本 47 083.64 元相比,直接经济效益提高了 2.56%。从上述结果可得出,系统日前优化调度能得到次日系统运行策略,实时优化调度能根据当前机组运行情况进一步合理安排分布式能源出力,能有效提高分布式能源利用率,降低系统运行成本,提高经济效益。

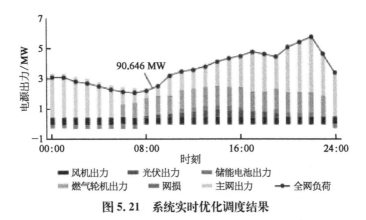

图 5.21　系统实时优化调度结果

为能够充分分析实时优化调度结果,本案例分别选取区域 1 在谷时段、平时段和峰时段的 03:00、09:00 和 21:00 时刻的实时调度结果进行分析讨论,见表 5.8。可以看出,3 个时刻主网出力在实时调度中均有所下降,分布式能源的出力明显增加。其中,03:00 两阶段调度结果中的光伏出力和燃气轮机出力均为 0,主网出力明显降低,风电出力有所增加。09:00 的实时调度光伏出力为 0.036 MW,而日前调度结果中光伏出力为 0,说明通过实时调度优化,使得光伏出力得到充分的利用;另外,09:00 实时调度储能出力为 0,说明储能设备仅用于峰时段可有效地降低运行成本。21:00 实时调度的储能设备出力明显高于日前调度,说明实时调度能够根据日前调度结果,结合当前储能设备运行状态,对当前时段储能设备出力进行修正,从而提高了储能设备的有效利用率。

表 5.8　区域 1 三时段实时优化调度结果

参　数	03:00		09:00		21:00	
	日前调度	实时调度	日前调度	实时调度	日前调度	实时调度
主网出力	0.598	0.531 6	0.252	0.139	0.796	0.710
风机出力	0.108	0.165 0	0.125	0.169	0.122	0.175
光伏出力	0	0	0	0.036	0	0
燃气轮机出力	0	0	0.420	0.450	0.426	0.437
储能电池出力	−0.036	−0.042 6	0.033	0	0	0.037

5.4.3.4　算法有效性验证

为验证 DE - ICA 在分布式能源系统调度优化问题中的效率性,本案例选用普通 ICA、遗传算法(GA)以及粒子群优化(PSO)算法作为对比算法。算法迭代图和计算结果分别如表 5.9 和图 5.22、图 5.23 所示。

表 5.9　计算结果

算　法	迭代次数（日前）	日前调度全局最优值/元	日前调度平均最优值/元	迭代次数（实时）	实时调度全局最优值/元	实时调度平均最优值/元
DE‑ICA	32	47 083.64	47 345.68	35	45 876.25	46 237.14
ICA	61	48 977.46	49 385.73	59	47 866.63	48 161.10
GA	45	48 585.20	48 873.14	47	46 444.96	47 000.46
PSO	58	48 465.51	48 781.26	54	46 454.28	46 995.09

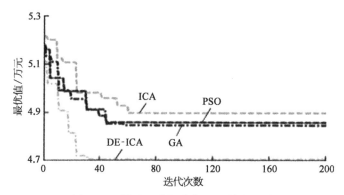

图 5.22　算法日前调度优化计算迭代图

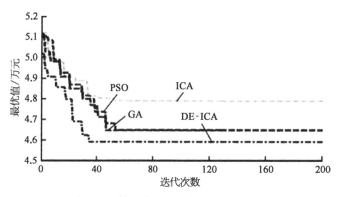

图 5.23　算法实时调度优化计算迭代图

　　如图 5.22 所示,在日前调度优化计算中,DE‑ICA 在迭代次数为 32 时计算得到系统最优值为 47 083.64 元,与普通 ICA 相比,通过引入 DE,DE‑ICA 的迭代次数小于 GA 和 PSO 算法,且算法的最优值均小于 GA 和 PSO 算法得到的最优值,说明 DE‑ICA 在分布式能源调度的应用中,其求解能力和算法适应性能更优,能够在较短的时间内快速收敛,通过改进寻优方式,提高了 ICA 的寻优能力和算法收敛能力。另外,与常见的 GA 和 PSO 算法相比,DE‑ICA 能在较短时间内快速收敛,从而能求得算法最优值。在实时调度优化计算中,算法的优化性能和效率性能与日前相似,充分体现了 DE‑ICA 在主动配电网下分布式能源系统调度优化问题的有效性和优越性。

5.4.4　案例总结

主动配电网下分布式能源系统的调度优化是实现分布式能源有效消纳和高效利用的有效途径。本案例在主动配电网双层能量管理的基础上,构建了分布式能源系统日前和实时两阶段调度优化模型,并提出了基于 DE‑ICA 的优化模型,通过算例得到如下结论:

(1) 在日前调度中,通过调度优化,最大化地帮助了分布式能源的消纳,降低了系统运行成本,与未调度优化结果相比,上层全局和下层区域日前调度优化使得经济效益分别提升了 2.4% 和 8.69%。

(2) 实时调度是对日前调度的有效修正,通过对分布式能源机组运行状态的再安排,进一步提升了分布式能源的有效利用率。与日前调度优化结果相比,上层全局和下层区域实时调度优化分别使得经济效益提升了 2.56% 和 3.4%。

(3) 本案例所提出的 DE‑ICA 优化算法,通过引入 DE 改进方式,有效地提高了 ICA 的寻优能力和收敛能力。与常见 GA 和 PSO 算法相比,DE‑ICA 主动配电网下分布式能源系统双层双阶段调度优化的应用中,其求解能力和算法使用性能更优,充分体现了 DE‑ICA 在解决优化问题时的有效性和优越性。

5.5　基于知识迁移 Q 学习算法的多能源系统联合优化调度

5.5.1　问题提出

长期以来,世界经济不断增长,能源消耗量持续增加,化石能源日渐消耗殆尽,且随着化石能源的大规模开采与消耗,环境问题日渐严重,全球气候变暖正在逐步威胁人类的生存。近年来,许多国家开始大规模建设风电、太阳能及核电等新能源发电厂,以解决能源枯竭和环境问题。虽然风电和太阳能等新能源具有可再生、污染小等显著优点,但其发电出力与天气密切相关,可控性差成了新能源大规模并网的最大障碍,且弃风、弃光现象普遍存在,造成资源的严重浪费。

美国著名学者杰里米·里夫金在其著作《第三次工业革命》一书中,提出了能源互联网的概念,引起了国内外学者的高度重视。能源互联网较之前的智能电网有了更加深远的内涵:首先,各种能源网络的一次侧、二次侧设备紧密相连形成复杂网络;其次,各种能源网络通过能源转换装置形成双向流动和互相转化;此外,各种类型的传输和储能设备支持可再生能源的广泛接入,实现了多种能源的协调交互与优化。

电力系统优化调度是指求得可控变量的最优组合以满足系统安全约束及负荷需求。与之类似,多能源系统的联合优化调度也是在已知各种能源需求及各种能源网络拓扑结构下,通过调节可控变量(如机组出力、气源出力等),以达到多能源系统运行的最优状态。

为综合考虑多能源系统的经济效益与环境效益,本案例建立计及供能成本和碳排放的多能源系统优化调度模型,为精确描述系统的经济成本,供能成本考虑机组的阀点效应。本案例通过隶属函数将多目标优化问题转化为单目标优化问题。针对此目标函数不连续可微、非凸的非线性规划问题,解析法(如线性规划法、非线性规划法以及动态规划法)存在精度不够、要求函数连续可微以及"维数灾"等问题,难以对此模型进行求解,而智能算法对这种变量强耦合的复杂系统优化问题求解速度极慢。因此,本案例引入知识迁移Q学习算法和内点法构成级联式算法进行求解,即上层Q学习以机组注入有功功率作为控制变量,下层以内点法求解机组注入有功功率确定后的多能源系统优化模型,并通过知识迁移提高求解效率。最后通过拓展的能源中心测试系统验证了本案例所提模型和算法的有效性和可行性。

5.5.2 模型建立

5.5.2.1 多能源系统的联合优化调度

目前对多能源系统的研究主要包括规划理论、安全分析与优化运行等几个方面,本案例的研究内容主要侧重于优化运行方面,即在已知多能源系统拓扑结构的前提下,实现系统的联合优化调度。

1) 天然气潮流

天然气网络由天然气井或储气装置通过天然气管道向负荷输送能源,天然气管道的气流量主要通过调节不同节点调压阀的压力来控制,本案例的天然气稳态模型建模如下。理想情况下,两个节点之间管道内的流量用下式描述:

$$f_{mn} = \begin{cases} k_{mn}\sqrt{p_m^2 - p_n^2}, & p_m \geqslant p_n \\ k_{mn}\sqrt{p_n^2 - p_m^2}, & p_m < p_n \end{cases} \tag{5.63}$$

式中　f_{mn}——节点 m 至 n 管道内的天然气流量;

　　　k_{mn}——天然气输气管道传输系数;

　　　p_m,p_n——节点 m 和 n 的气压。

由于管道内存在摩擦而产生传输损耗,为保证天然气网络传送能源的可靠性,网络中还需装设一定数量的加压站,加压站消耗的能量可直接从天然气管道中提取,对于装设在管道 m-n 之间的加压站,其耗能为

$$f_{com} = k_{com}f_{kn}(p_k - p_m) \tag{5.64}$$

式中　k_{com}——加压站特性常数;

　　　f_{kn}——加压站至下游节点的气流量;

　　　p_k——加压站出气口气压;

p_m——加压站上游节点气压。

与电力系统潮流一样,天然气网络潮流也应满足如下节点方程:

$$(A+U)f+w-T\tau=0 \qquad (5.65)$$

式中　A——天然气网络管道-节点关联矩阵;

　　　U——加压站-节点关联矩阵;

　　　$A+U$——天然气网络的支路-节点关联矩阵;

　　　f——支路流量向量;

　　　w——节点静流量;

　　　T——加压站消耗流量与节点的关联矩阵;

　　　τ——加压站消耗流量向量。

2）多能源系统的联合调度优化框架

能源中心抽象为一个集各种能源注入、转换、传输及消费的整体,可用于描述不同类型的实体,如钢铁厂、汽车制造厂等工业设施,机场、高铁站、大型商场等建筑,以及乡村、城镇等小型区域。

在能源中心内部,一组能源通过不同的转换器转化为一组用户需要的能源,注入能源及负荷能源包括电能、天然气及热能等常用能源,能源中心内部转换器包括变压器、燃气轮机、燃气锅炉及热转换器等能源转化装置。能源中心的数学模型为

$$
\left.\begin{array}{l}
L=\eta vP \\
\begin{bmatrix} L_\alpha \\ L_\beta \\ \vdots \\ L_\omega \end{bmatrix} = \begin{bmatrix} \eta_{\alpha\alpha} & \eta_{\alpha\beta} & \cdots & \eta_{\alpha\omega} \\ \eta_{\beta\alpha} & \eta_{\beta\beta} & \cdots & \eta_{\beta\omega} \\ \vdots & \vdots & & \vdots \\ \eta_{\omega\alpha} & \eta_{\omega\beta} & \cdots & \eta_{\omega\omega} \end{bmatrix} \cdot \begin{bmatrix} v_{\alpha\alpha} & v_{\alpha\beta} & \cdots & v_{\alpha\omega} \\ v_{\beta\alpha} & v_{\beta\beta} & \cdots & v_{\beta\omega} \\ \vdots & \vdots & & \vdots \\ v_{\omega\alpha} & v_{\omega\beta} & \cdots & v_{\omega\omega} \end{bmatrix} \begin{bmatrix} P_\alpha \\ P_\beta \\ \vdots \\ P_\omega \end{bmatrix}
\end{array}\right\} \qquad (5.66)
$$

式中　L——负荷向量;

　　　η——效率矩阵;

　　　v——调度系数矩阵,其含义为不同能源通过不同转换器的比例;

　　　P——注入能源向量。

与电力系统优化调度类似,多能源系统的优化调度也是在已知各种能源需求及各种能源网络拓扑结构下,通过调节可控变量,以达到整个系统运行的最优状态,其联合优化调度模型可描述为

$$
\left.\begin{array}{l}
\min W \\
P_{\min} \leqslant P \leqslant P_{\max} \\
v_{\min} \leqslant v \leqslant v_{\max} \\
(A_i+U_i)f_i+\omega_i-T_i\tau_i=0 \quad (i=1,2,\cdots,N_e) \\
G(P,v)=0 \\
H(P,v) \leqslant 0
\end{array}\right\} \qquad (5.67)
$$

上面各式中,第 3 个约束条件为第 i 种能源的节点方程。

式中　W——目标函数;

　　　P_{min},P_{max}——能源注入上、下限矩阵;

　　　v_{min},v_{max}——调度系数上、下限矩阵;

　　　N_e——能源种类数;

　　　G——等式约束集;

　　　H——不等式约束集。

3) 典型多能源系统的联合调度优化模型

图 5.24 为一个典型的能源中心,注入能源为电能、天然气,负荷能源包括电能、天然气、热能。变压器、燃气轮机和燃气锅炉一起确定了注入能源和负荷能源之间的转换关系:

$$\left. \begin{aligned} L_e &= \eta_{trans}^e P_e + \eta_{CHP}^e v_{ge} P_g \\ L_h &= \eta_{CHP}^h v_{ge} P_g + \eta_{Fur} v_{gh} P_g \\ L_g &= (1 - v_{ge} - v_{gh}) P_g \end{aligned} \right\} \quad (5.68)$$

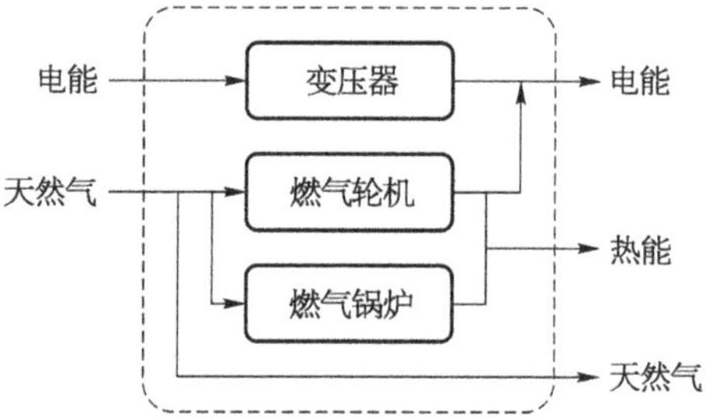

图 5.24　典型能源中心

式中　L_e——电负荷;

　　　L_h——热负荷;

　　　L_g——天然气负荷;

　　　P_e,P_g——电注入功率和天然气注入功率;

　　　v_{ge},v_{gh}——天然气通过燃气轮机和燃气锅炉的比例;

　　　η_{trans}^e——变压器效率;

　　　η_{CHP}^e——燃气轮机发电效率;

　　　η_{CHP}^h——燃气轮机热效率;

　　　η_{Fur}——燃气锅炉热效率。

典型多能源系统即为多个这样的能源中心连接而成的复杂网络。本案例的多能源系统中,各电源、气源、能源供应网络以及能源中心均服从同一个调度机构进行联合调度,各能源中心预测自身某一时刻的电力、天然气与热力负荷,并将其上报给上层的多能源系统调度机构,多能源系统调度机构对电源、气源、能源中心各能源分配比例等进行统一调度,各环节按此调度结果进行计划运行。

(1)多能源系统调度优化目标。本案例多能源系统单个调度时段的优化目标为供能成本目标 W_e 和碳排放目标 W_c,为精确计算供能成本,本案例考虑系统的阀点效应:

$$W_r = \sum_{i \in \Omega_{elec} \cdot \Omega_{gas}} (a_i P_{ini}^2 + b_i P_{ini} + c_i) + \sum_{i \in \Omega_{elec}} e_i \mid \sin(f_i (P_{Gi} - P_{Gi}^{min})) \mid \quad (5.69)$$

$$W_c = \sum_{i \in \Omega_{elec} \cdot \Omega_{gas}} (\alpha_i P_{ini}^2 + \beta_i P_{ini} + \gamma_i) \quad (5.70)$$

式中　Ω_{elec}——系统注入节点集合;

Ω_{gas}——气源注入节点集合；

P_{ini}——能源注入功率，包括机组注入和气源注入；

P_{Gi}，$P_{Gi}^{\min}$——节点 i 发电机的有功注入及其下限；

a_i，b_i，c_i——能源成本系数；

e_i，f_i——系统阀点效应特性参数；

α_i，β_i，γ_i——能源碳排放参数。

（2）电力系统约束。本案例电力系统潮流采用交流潮流，原因为：① 电力系统潮流与天然气网络潮流是相互影响的，而交流潮流相比于直流潮流有更高的精确性；② 电力系统潮流方程只占整个系统潮流方程的少数部分，用直流潮流对计算时间的提升性能不大。电力系统约束包括电力系统潮流约束，发电机有功出力、无功出力上下限约束，节点电压上下限约束和支路容量约束，即

$$
\left.
\begin{aligned}
&P_{Gi}-P_{Di}-V_i\sum_{j\in N_B}V_j(g_{ij}\cos\theta_{ij}+b_{ij}\sin\theta_{ij})=0\\
&Q_{Gi}-Q_{Di}-V_i\sum_{j\in N_B}V_j(g_{ij}\sin\theta_{ij}-b_{ij}\cos\theta_{ij})=0\\
&P_{Gi}^{\min}\leqslant P_{Gi}\leqslant P_{Gi}^{\max},\ i\in N_G\\
&Q_{Gi}^{\min}\leqslant Q_{Gi}\leqslant Q_{Gi}^{\max},\ i\in N_G\\
&V_i^{\min}\leqslant V_i\leqslant V_i^{\max},\ i\in N_B\\
&P_l^{\min}\leqslant P_l\leqslant P_l^{\max},\ l\in N_L
\end{aligned}
\right\}
\tag{5.71}
$$

式中　N_G，N_B，N_L——发电机、节点和支路个数；

Q_{Gi}——节点 i 发电机的无功注入；

P_{Di}，Q_{Di}——节点 i 的有功负荷和无功负荷；

g_{ij}，b_{ij}，θ_{ij}——节点 $i\sim j$ 之间的电导、电纳和角度；

V_i——节点 i 的电压；

P_l——支路 l 流过的有功功率；

$P_{Gi}^{\max}$——机组有功出力上限；

$Q_{Gi}^{\max}$，$Q_{Gi}^{\min}$——机组无功出力上、下限；

$V_i^{\max}$，$V_i^{\min}$——节点电压上、下限；

$P_l^{\max}$，$P_l^{\min}$——支路容量上、下限。

（3）天然气网络约束。天然气网络约束包括天然气潮流约束、气源注入功率约束、节点气压上下限约束和加压站气压比约束。式(5.63)～式(5.65)中，

$$
\left.
\begin{aligned}
&P_{gi}^{\min}\leqslant P_{gi}\leqslant P_{gi}^{\max},\ i\in N_S\\
&p_i^{\min}\leqslant p_i\leqslant p_i^{\max},\ i\in N_N\\
&R_i^{\min}\leqslant \frac{p_k}{p_m}\leqslant R_i^{\max},\ i\in N_C
\end{aligned}
\right\}
\tag{5.72}
$$

式中　N_S，N_N，N_C——气源、节点和加压站个数；

　　　P_{gi}——节点 i 气源的注入功率；

　　　p_i——节点 i 的气压；

　　　p_k/p_m——加压站出气口气压与上游节点气压之比；

　　　$P_{gi}^{\max}$，$P_{gi}^{\min}$——气源功率上、下限；

　　　$p_i^{\max}$，$p_i^{\min}$——节点气压上、下限；

　　　$R_i^{\max}$，$R_i^{\min}$——加压站气压比上、下限。

（4）多目标隶属度转换。对于多目标优化问题，现有算法常以加权的方式转化为单目标求解，或以多目标智能算法进行求解。然而，加权法难以合理地确定各目标的权重值，而多目标智能算法虽然可以求得多目标问题的 Pareto 前沿，但其耗时较慢，难以满足系统的实时计算要求。为此，本案例采用隶属函数对各目标进行处理。对于以最小为最优的目标 $W(x)$，其隶属度可用下式描述：

$$\mu = \begin{cases} 1, & W(x) \leqslant W_{\min} \\ \dfrac{W_{\max} - W(x)}{W_{\max} - W_{\min}}, & W_{\min} \leqslant W(x) \leqslant W_{\max} \\ 0, & W(x) \geqslant W_{\min} \end{cases} \tag{5.73}$$

式中　$W_{\min}$，$W_{\max}$——目标 W 的最小值和最大值。

本案例供能成本和碳排放最小值为分别单独优化值，最大值为一目标取最小情况下另一目标的取值。

一方面，$W(x)$ 的优化值处于 $W_{\min}$ 和 $W_{\max}$ 之间，另一方面为保证隶属函数连续可微，可用分段函数的中间部分来描述 μ 与 $W(x)$ 的关系。根据最大最小满意度原则，将多目标优化问题转化为求解最大最小隶属度的单目标问题，令各目标中最小隶属度为 λ，则式（5.68）～式（5.73）中，单目标问题为

$$\left.\begin{array}{l} \max \lambda \\ \mu(W_i(x)) \geqslant \lambda \\ 0 \leqslant \lambda \leqslant 1 \end{array}\right\} \tag{5.74}$$

此优化模型为不连续可微、非凸的非线性优化模型，整个系统的控制变量主要由三部分构成，电力网络的机组有功和无功功率、节点电压和角度，天然气网络的气源注入、节点压强和管道流量，以及两个网络之间耦合的调度系数与能源中心能源注入。由于系统的成本函数含系统的阀点效应，为不连续可微的非凸函数，用解析法难以求解，而智能算法对这种变量强耦合的复杂系统优化问题求解速度极慢，因此，本案例采用知识迁移 Q 学习＋内点法的级联式算法求解本模型，即上层 Q 学习以机组注入有功功率作为动作变量，下层以内点法求解机组注入有功功率确定后的多能源系统优化模型，并通过对历史优化信息的迁移学习加快算法收敛速度。由于每次内点法都将上层 Q 学习确定的机组注入作为常量，因此下层内点法可直接求解。

5.5.2.2　知识迁移 Q 学习算法

1) 动作空间离散化

传统 Q 学习只能用于离散变量优化,而本案例模型中机组有功功率为连续值,为了支持 Q 学习算法能够优化连续变量问题,本案例采用连续变量转化为二进制数的方法将连续的动作空间离散化:

$$
\left.
\begin{aligned}
D_0^i,\ D_1^i,\ \cdots,\ D_{m-1}^i &= f\left(\frac{x_i - x_i^{\min}}{x_i^{\max} - x_i^{\min}} \times 2^m\right) \\
x_i &= \sum_{j=0}^{m-1}(2^{m-j}D_j^i)(x_i^{\max} - x_i^{\min}) + x_i^{\min}
\end{aligned}
\right\}
\tag{5.75}
$$

式中　m——变量二进制位数,本案例取 20,以保证转化后的连续值能够保留全局信息;

$f(x)$——将十进制转化为二进制的函数;

x_i——解向量 X 第 i 个分量;

$x_i^{\max}$, $x_i^{\min}$——变量 x_i 的上、下限;

D_{ij}——变量 x_i 第 j 个二进制编码。

2) 状态-动作矩阵降维

传统的状态-动作 QS×A 矩阵主要用 lookup 表来实现。当变量增加时,动作数呈指数增长而导致计算机难以存储。由于每个变量用多个相互关联的二进制编码数表示,前一个二进制编码位的 0-1 动作选择可作为下一个二进制编码位的状态,因此,可将高维的状态-动作 Q 转换为多个相互关联的低维状态-动作链。对于每个变量的二进制编码分量 D_{ij} 分别对应一个 Q_{ij} 矩阵,低维状态-动作链[Q_{i0}, Q_{i1}, $\cdots$, Q_{im-1}]即构成变量 x_i 的动作选择空间。所有变量的状态-动作链即构成本问题的 Q 矩阵。

3) Q 学习过程

动作空间离散化及状态-动作 Q 矩阵降维后,Q 学习算法的学习过程为:先根据 Q 矩阵元素大小选择机组注入对应二进制编码的每一位,动作选择只有 0-1 变量,动作选择完成后经编码转换成连续的机组有功代入多能源系统优化模型,用内点法获得目标值,并将其转化成相应的动作奖励以更新 Q 矩阵,直到获得最优策略使得奖励回报最大,当多能源系统优化模型收敛到不可行解时,动作奖励为 0。

其中,动作选择策略为用轮盘赌的方式在二进制空间中选择:

$$
D_j^i = \begin{cases} 1, & \text{if } r \geqslant P_j^i(D_{j-1}^i,\ 1) \\ 0, & \text{if } r < P_j^i(D_{j-1}^i,\ 1) \end{cases}
\tag{5.76}
$$

$$
P_j^i(s,\ a) = \frac{Q_j^i(s,\ a)}{\sum\limits_{b \in D_j^i} Q_j^i(s,\ b)}
\tag{5.77}
$$

式中 r——$[0,1]$之间的随机数；

$P_j^i(D_{j-1}^i, 1)$——基于 Q_j^i 的概率矩阵 P_j^i 中状态为 D_{j-1}^i、动作为 1 的选择概率；

$Q_j^i(s, a)$——Q_j^i 中状态为 s、动作为 a 的 Q 值。

状态-动作 Q 矩阵元素 $Q_j^{i,(k)}$ 的更新策略为

$$Q_j^{i,(k+1)}(s^{(k)}, a^{(k)}) = (1-a^{(k)})Q_j^{i,(k)}(s^{(k)}, a^{(k)}) + a^{(k)}(R_j^{i,(k)} + \sigma \max_{b \in D_j^i} Q_j^{i,(k)}(s^{(k+1)}, b)) \tag{5.78}$$

式中 $R_j^{i,(k)}$——在第 k 步迭代中经 $a^{(k)}$ 动作后，状态从 $s^{(k)}$ 转移到状态 $s^{(k+1)}$ 的奖励值；

σ——折扣因子；

$a^{(k)}$——第 k 步迭代的学习因子，本案例采用基于自然对数衰减的变学习率 Q 学习，即

$$a^{(k)} = \alpha_0 e^{-\frac{k}{T}} \tag{5.79}$$

式中 T——最大迭代次数。

4) 知识迁移

Q 学习算法和内点法相结合而成的级联式方法在求解多能源系统的联合优化调度时往往速度较慢，为此，本案例引入知识迁移提高求解速度。算法首先通过对样本的预学习获得不同样本负荷下的最优 Q 矩阵，然后采用常用的神经网络数据拟合手段得出样本负荷和最优 Q 矩阵之间的联系。在优化过程中，输入系统的负荷信息至神经网络，便能得到此负荷下的初始 Q 矩阵，并以此初始 Q 矩阵为基础用 Q 学习进行优化。由于系统拓扑不变，负荷又具有相似性，此初始 Q 矩阵与最优 Q 矩阵的差异小，因此采用知识迁移可达到加速算法收敛的目的。综上所述，知识迁移 Q 学习算法与内点法构成级联式算法求解多能源系统联合优化调度模型的流程如图 5.25 所示。

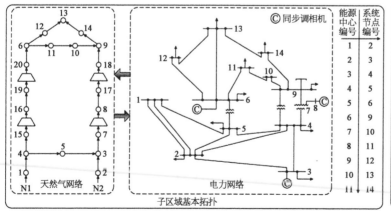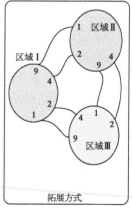

图5.25 扩展能源中心测试系统结构

5.5.3　模型求解与分析

以扩展能源中心测试系统作为研究对象,说明多能源系统调度模型及求解算法的合理性。本案例的算例及算法采用 MATLAB 2014a 和 Gams 联合编程,即用 MATLAB 编写知识迁移 Q 学习算法,用 Gams 编写机组有功功率确定后的多能源系统优化模型内点法求解,并在 CPU 为 Intel‐i7‐6700、主频 3.4 GHz、内存为 8 GB 的计算机上运行。

5.5.3.1　仿真模型

能源中心测试系统包括 14 个节点电力网络、20 个节点天然气网络和 11 个能源中心,能源中心为如图 5.24 所示的典型能源中心。为说明模型及算法的通用性,本案例对能源中心测试系统进行扩展,如图 5.25 所示,各子区域之间通过联络线相连,各子区域负荷及机组位置存在差异,其余拓扑及参数相同。其中,区域 I 发电机节点编号为 1,2,14;区域 II 发电机节点编号为 1,5,15;区域 III 发电机节点编号为 2,5,9,13。以下文中所涉及的参数如无特殊说明,均为标值。

多能源系统中,功率基准值为 1 MVA,机组都为燃煤机组,有功出力上、下限分别为 6 MW 和 1.5 MW,无功出力上、下限分别为 5 MVar 和 −5 MVar,节点功率因数都为 0.9,节点电压上、下限分别为 1.1 和 0.9,同步调相机吸收和发出无功功率,其上下限分别为 6 MVar 和 −6 MVar。天然气输气管道传输系数都为 5,加压站特性常数都为 0.1,各节点气压上、下限分别为 15 和 10。为了说明综合考虑供能成本和碳排放目标调度的优势,本案例研究三种调度模式:模式 1 为只以供能成本为目标进行调度;模式 2 为只以碳排放为目标进行调度;模式 3 为综合考虑供能成本和碳排放目标进行调度。

5.5.3.2　仿真分析

首先以不同的样本负荷作为预学习样本,获得各调度时段下不同样本负荷的最优 Q 值矩阵,其次以任务负荷曲线作为目标任务进行多能源系统联合优化调度。知识迁移 Q 学习算法的参数设置如下:智能体个数为 14,学习因子 α 初始为 0.25,折扣因子 σ 设为 0.1,样本学习迭代次数为 400,任务优化迭代次数为 50。

用知识迁移 Q 学习算法对多能源系统优化后各模式下天然气发电量占总发电量的比例如图 5.26 所示。可以看到:若只考虑供能成本,在用电低谷期,几乎没有天然气用于发电,而在用电高峰期,天然气发电比例约占总发电量的 18%,在一定程度上起到了发电调峰和联合供热作用,减小了供能成本,但总体来说,由于天然气发电经济效益不明显,天然气发电比例还较少;若只考虑碳排放,由于天然气发电碳排放效益明显,增加天然气发电比例可以明显减少 CO_2 的排放量,因此燃煤机组几乎处于最小发电状态;当综合考虑供能成本和碳排放目标后,天然气发电比例处于模式 1 和模式 2 之间,以牺牲一定的供能成本和碳排放来达到两者的最优状态。

为说明多能源系统联合优化的优越性,假设各能源中心天然气只用来供气和供热,

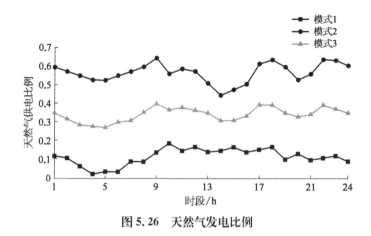

图 5.26　天然气发电比例

发电比例为零,即各能源网络分别单独优化调度时得到各模式下所有调度时段的优化目标结果,及考虑天然气联合供电后求得各模式下的供能成本及碳排放总和见表 5.10。

表 5.10　单独优化和联合优化目标总和

优化方式	W_e			
	模式 1	模式 2	模式 3	
单独优化	2.3201×10^4	1.7093×10^3	2.3259×10^4	1.7111×10^3
联合优化	2.2799×10^4	1.4679×10^3	2.3084×10^4	1.5210×10^3

由表 5.10 中数据可知,在各个模式下,多能源系统联合调度优化目标值都比单独优化时小,可见多能源系统优化调度较之于各能源网络单独优化调度的优越性。当单独考虑一个目标时,联合调度优化每个优化时段目标值都比单独优化时好,由于天然气发电经济效益不明显,因此模式 1 下联合优化的供能成本比单独优化下降 1.73%,而得益于天然气的低碳排放;模式 2 下联合优化的供能成本比单独优化时下降比例达到 14.12%。而综合考虑多个目标时,模式 3 优化结果显示在个别时段,联合优化后的供能成本较单独优化时有所上升,这是因为天然气发电并无明显经济优势,当综合考虑供能成本和碳排放时,模式 3 是以最大化最小隶属度作为目标,因此系统会牺牲一定的供能成本来降低碳排放,从而导致其供能成本只能下降 0.75%,但碳排放下降比例依然明显,达到 11.11%。不管以哪种方式,联合优化都能大大降低碳排放,提高系统的环境效益,可见将碳排放纳入优化目标意义重大。图 5.27 为 10 台发电机的 ΔQ 曲线,其中 $\Delta Q = |Q(k)-Q(k-1)|$。为方便说明算法的收敛性,同时在图 5.27 展示了模式 3 下算法在第 11 时段的收敛过程。由于模式 3 目标是使最小隶属度最大,因此其优化曲线呈上升趋势。

从图 5.27 中可看出:① 初始化 Q 矩阵后,算法一开始便可获得 0.5446 的优化结果,这说明采用知识迁移方法获得初始 Q 矩阵后,算法便开始在较好的动作空间内搜索;② 知识迁移后,算法的收敛速度大为提升,算法在 38 个周期内便可收敛,耗时为 289 s,

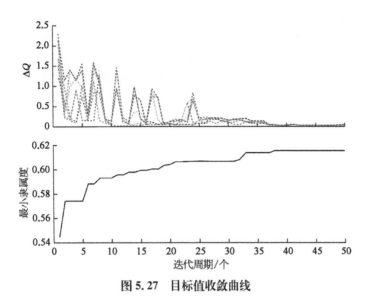

图 5.27 目标值收敛曲线

说明知识迁移后,算法收敛快,可满足系统的计算要求。为验证本算法对于多能源优化调度的适用性,本案例引入 MAGA 以及粒子群优化(PSO)算法与内点法构成级联式算法与本案例知识迁移 Q 学习进行比较。为体现公平性,每个算法各运行 10 次。其中 MAGA 和 PSO 种群数为 100,迭代周期个数为 50,MAGA 交叉概率取 0.8,变异概率取 0.9。PSO 学习因子取 1.5 和 1,惯性权重取 0.5。模式 3 下各算法在第 11 时段优化结果见表 5.11。

表 5.11 模式 3 下第 11 时段各算法优化结果

算 法	λ^{avr}	W_e^{avr}	W_c^{avr}	t^{avr}/s
MAGA	0.624 4	1 035.55	68.458	2 123
PSO	0.601 2	1 036.58	68.586	2 035
知识迁移 Q 学习	0.617 3	1 035.90	68.457	297

从表 5.11 中数据可知,对于这种目标函数不连续可微、非凸的非线性规划问题,以人工智能＋内点法的级联式算法都能取得较好的解,三者优化目标值 $\lambda^{avr}(0<\lambda^{avr}<1)$ 相差在 2.32% 之间,其中 MAGA 算法效果最好,知识迁移 Q 学习次之,PSO 稍差。由于每次迭代都需进行内点法计算,因此算法主要消耗时间与内点法调用次数有关,MAGA 和 PSO 为 5 000 次,知识迁移 Q 学习为 700 次,因此知识迁移 Q 学习运行时间明显少于其他算法。可见知识迁移 Q 学习由于引进了知识迁移,其在较短的迭代周期内便获得了与其余算法相差不大的优化结果,尽管其优化目标值稍差于 MAGA,但综合考量各个指标,其优化效果最让人满意。

5.5.4 案例总结

本案例首先以能源中心建模方法建立了多能源系统的联合优化调度框架,在此基础上构建了计及供能成本和碳排放目标的典型多能源系统联合优化调度模型。其次,以知识迁移 Q 学习算法和内点法构成级联式算法对该模型进行求解,并引入内点法及 MAGA 对模型求解做了对比,得出如下结论:

(1) 多能源系统联合优化调度较多种能源网络单独优化,可以减小供能成本和碳排放量,提高整个供能系统的经济利益和环境效益。

(2) 针对不连续可微、非凸的非线性规划问题,知识迁移 Q 学习算法和内点法构成级联式算法对问题求解具有很好的适应性,其优化结果好,且收敛速度快。

(3) 本案例多能源系统服从统一调度,但对于一个较大区域的多能源系统,可能存在多个能源供应商联合供能的情况,此时将面临信息不完全下的博弈问题。

更多详情可见网络版(http://www.aeps-info.com/aeps/ch/index.aspx)。

第 6 章

工程案例之工业工程篇

6.1　基于遗传算法的自动化集装箱码头多载 AGV 调度

6.1.1　问题提出

自动化引导小车(AGV)是自动化集装箱码头的水平运输工具,一般分为装载 20 英尺集装箱小型 AGV 和装载 40 英尺集装箱的大型 AGV 两种。在多数自动化集装箱码头,为满足运输工具对运输任务的普适性,同时降低路径的复杂性,普遍采用统一规格的大型 AGV 单载完成所有的运输任务。不难发现,在运输 20 英尺集装箱时,AGV 有一半的容量未被充分利用,而且随着码头吞吐量的增大,投入运输的 AGV 越来越多,这不仅产生了巨大的资源浪费,而且极大地增加了交通负担。因此,从增大 AGV 的运输能力,减小投入运输的 AGV 数量入手,提出多载 AGV 的调度策略。

传统情况下,可以将 AGV 调度问题看作 $m:n$ 的分配问题,其目标为运输时间或者运输费用最少,这很容易找出最优调度策略。但对于多载 AGV 的调度问题,已经超出了简单分配问题的范畴,调度中不仅需要分配运输任务给相应的 AGV,而且需要安排好具体的装载和交付顺序,因为只有这样才能确保 AGV 的利用率尽可能高,运输时间、运输费用尽可能低,船舶停泊时间尽可能短等。

本案例从单辆多载 AGV 的调度入手,假设各集装箱的装载顺序不受时间限制,AGV 可以从任意任务的起点开始运输,其规划目标为运输时间最短。假设共有 N 个任务,每个任务有相应的装载点和交付点,所以可以用集合 $I=\{1,2,3,\cdots,2N-1,2N\}$ 表示 N 个任务的全部装卸点。本案例还引入虚拟端点 $2N+1$ 和 $2N+2$,用来表示起点和终点,于是任务点总数为 $2N+2$,其中不同任务点可以代表相同的物理位置。现假设有 3 个运输任务,任务 $c1$ 和 $c2$ 为 20 英尺集装箱,任务 $c3$ 为 40 英尺集装箱,于是多载 AGV 的调度方案如图 6.1 所示。

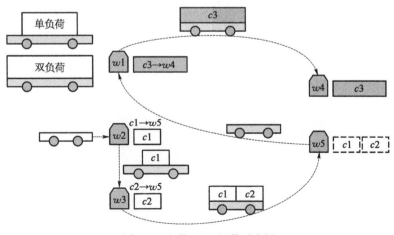

图 6.1　多载 AGV 运作示意图

6.1.2 模型建立与求解

6.1.2.1 符号说明

假设某自动化码头某时刻共有 N 个运输任务, P 表示任务装载点的集合, D 表示交付点的集合, $I = P \cup D$ 表示装载点与交付点的总集合, 并且 $I^+ = I \cup \{S, E\}$ 表示增加了虚拟起点和虚拟终点的任务点集合。运输任务的装载点坐标 P_m, 交付点坐标 D_m 和 AGV 运行速度 θ 已经给出, 并且用 $T_{m,n}$ 表示 AGV 从任务点 m 到任务点 n 的运行时间, d_m 表示 AGV 在任务点 m 的容量改变情况, C_m 表示在任务点 m 操作完成后 AGV 容量的占用情况, C 表示 AGV 的最大负荷能力。

如果 AGV 相继访问任务点 m 和 n, 则决策变量 $x_{m,n} = 1$, 否则 $x_{m,n} = 0$; 决策变量 z_m 表示 AGV 在任务点 m 完成相应操作的时间。

6.1.2.2 调度模型

以最小化最末任务完成时间 f 为目标, 建立自动化集装箱码头多载 AGV 调度模型, 该模型的目标函数与约束条件如下:

$$\min f \tag{6.1}$$

$$f \geqslant z_m, \ \forall m \in I \tag{6.2}$$

$$z_n + (1 - x_{m,n}) M_I \geqslant z_m + T_{m,n}, \ \forall m, n \in I, m \neq n \tag{6.3}$$

$$z_m + T_{m,N+m} \leqslant z_{N+m}, \ m \in P \tag{6.4}$$

$$\sum_{m \in I^+} x_{m,n} = \sum_{m \in I^+} x_{n,m} = 1, \ \forall n \in I \tag{6.5}$$

$$x_{m,n} + x_{n,m} \leqslant 1, \ \forall m, n \in I, m \neq n \tag{6.6}$$

$$\sum_{n \in I^+ \backslash S} x_{S,n} = 1 \tag{6.7}$$

$$\sum_{m \in I^+ \backslash E} x_{m,E} = 1 \tag{6.8}$$

$$x_{m,n}(C_m + d_n - C_n) = 0, \ \forall m, n \in I^+ \tag{6.9}$$

$$d_m \leqslant C_m \leqslant C, \ \forall m \in P \tag{6.10}$$

$$0 \leqslant C_n \leqslant C + d_n, \ \forall n \in D \tag{6.11}$$

$$C_S = C_E = 0 \tag{6.12}$$

$$x_{m,m} = x_{m,S} = x_{m,E} = 0, \ \forall m \in I^+ \tag{6.13}$$

$$f \geqslant 0, z_m \geqslant 0, T_{m,n} \geqslant 0, \ \forall m, n \in I^+ \tag{6.14}$$

$$x_{m,n} \in \{0,1\}, \ \forall m,n \in I^+ \qquad (6.15)$$

$$M_1 = \sum_{ij} T_{ij}, \ \forall i,j \in I \qquad (6.16)$$

目标函数(6.1)是最小化最末任务完成时间,它服从式(6.2)～式(6.16)的约束。式(6.2)限定最末任务完成时间不小于任何装载和交付操作的完成的时间。式(6.3)～式(6.4)是对操作完成时间的限制:式(6.3)指出,如果 $x_{m,n}=1$,则 $z_n \geqslant z_m + T_{m,n}$ 恒成立,其中 $\forall m,n \in I, m \neq n$;式(6.4)限定任何任务的交付时间一定不小于该任务的装载时间。式(6.5)限定任何运输任务的装载和交付操作一定不是孤立的,即一定有且仅有一个前驱和一个后继。式(6.6)限定任务序中的任何操作能且只能被执行一次。式(6.7)和式(6.8)限定虚拟起点有且仅有一个后继,虚拟终点有且仅有一个前驱。式(6.9)指出,如果 AGV 在任务点 m 完成操作后,立即去任务点 n 执行操作,那么在任务点 n 完成操作后 AGV 的负载 C_m 等于在任务点 m 完成操作后 AGV 的负载 C_m 加上 AGV 在任务点 n 的负载变化 d_n。式(6.10)～式(6.12)是对 AGV 负载的约束。式(6.13)限定任意任务点 m 的操作不能作自己的前驱或后继,任何操作不能在虚拟开始前开始,任何任务不能在虚拟结束后开始。式(6.14)给出最小化最终完成时间 f,任意操作的完成时间 z_m 和从任务点 m 到任务点 n 的时间间隔 $T_{m,n}$ 的下界。式(6.15)限定决策变量 $x_{m,n}$ 为 0-1 变量。式(6.16)给出了无穷大量 M_1 的取值。

6.1.2.3　遗传算法

VRP 问题是数学上的组合优化问题,Golden 等证明了该问题是 NP 难问题,随着问题规模的扩大,计算复杂度将呈指数增长,因此不妨用遗传算法来求解 VRP 问题的近似最优解。

1) 编码与解码

采用集装箱运输任务的序号进行染色体编码,用 i 表示第 i 个运输任务,则染色体序列可以表示为 $\{1,2,3,\cdots,N\}$,其中 N 是运输任务的数量,而且这些运输任务中既有小箱也有大箱。随机生成 n 个染色体的全排列,就构成了初始种群。图 6.2 就是一条长度为 16 的染色体。

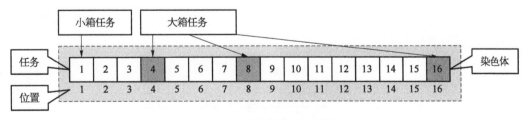

图 6.2　染色体编码示意图

为清晰形象地表示解码的过程,给出解码示意目,如图 6.3 所示。图中 $C_{i,j}$ 表示从任务 i 的装载点到任务 j 的装载点的最短运行时间,于是可以用从虚拟起点到虚拟终点的最短距离表示整个任务序列的最早完成时间。

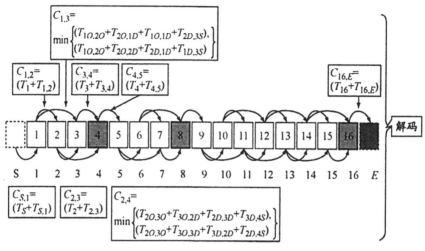

图 6.3　解码示意图

2) 交叉

本案例采用 1990 年 Syswerda 提出的基于位置的交叉方法,这种交叉方法尤其适用于排列形式的染色体,具体过程如下。

输入:两个父代染色体 P_1, P_2。

输出:子代染色体 child。

第 1 步:从父代染色体 P_1 中随机选择一些位置。

第 2 步:通过复制 P_1 所选位置的基因生成一个子代染色体原型。

第 3 步:删除染色体 P_2 上选定位置的基因(剩下的部分就是子代染色体 child 需要的)。

第 4 步:将 P_2 上的基因从左到右依次放入子代染色体 child 未确定基因的位置上,这就成功地生成一个子代染色体。

3) 变异

本案例中的变异方法采取倒置变异,也就是在染色体上随机选择两个位置,然后颠倒两个位置间的基因序列,如图 6.4 所示。

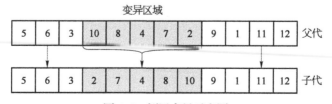

图 6.4　倒置变异示意图

6.1.3　模型应用

6.1.3.1　模型设置

将从自动化集装箱码头收集到的实验数据存放于 data. xlsx 中,其中多载 AGV 的行驶速度 AGV_{Speed} 取值 5 km/h,作业点个数 OD_{num} 取值 100。作业点的物理坐标存放于元胞矩阵 **XY** 中,运输任务的序号、装载点、交付点和任务大小等数据存放于元胞矩阵 ODL 中。

为评估算法的性能,用 MATLAB 编写该遗传算法,并用其求解一系列自动化码头的真实问题,并且在实验中作如下设置:设定小规模问题包含的任务量为 1~15,中等规模问题包含的任务量为 15~40,大规模问题包含的任务量为 40~100。

6.1.3.2　性能指标

实验中共引入两个性能指标:① 最优性。小规模问题用 MILP 算法取出问题最优解的下界,大规模问题通过重复实验求出问题最优解的上下界;② 计算时间。现实问题对实时性的要求较高,对计算时间有硬性要求,所以在这里把计算时间作为算法性能的另一指标。

6.1.3.3　实时场景

在本案例算例分析部分共做 4 组实验,具体场景设置见表 6.1,其中: r_c 为交叉概率; r_m 为变异概率; n_{gen} 为遗传迭代次数。

表 6.1　实验场景设置

组　别	实　验　目　的	实　验　设　置
实验 1	分别用 MILP 算法与遗传算法求解该问题,并完成相应对比	按照实验设置,重复试验;限定 $n_{gen}=100$, $N_{pep}=50$, $r_c=0.7$, $r_m=0.4$, $r_{pareto}=0.65$
实验 2	设置不同的 r_c 和 r_m,研究交叉概率和变异概率对实验结果的影响	令 $r_c=0.1, 0.2, \cdots, 0.9$, $r_m=0.1, 0.2, \cdots, 0.9$;其他设置与实验 1 相同;运行遗传算法,求出不同的交叉概率与变异概率组合对应的实验结果;根据实验结果,用等高线示意图法找出最优交叉概率与变异概率的组合
实验 3	对比单载 AGV 与多载 AGV 的运输效率	令 r_c 与 r_m 分别等于最优交叉概率与最优变异概率,其他设置与实验 1 相同;求出用单载 AGV 完成指定运输任务的时间;求出用多载 AGV 完成相同运输任务的时间
实验 4	验证遗传算法所得结果的可靠性	设置交叉概率和变异概率为最优交叉概率和最优变异概率;重复实验,求出最短作业时间和平均误差率;平均误差率 $D_{ev}=\left\{\sum_{i=1}^{N}\left[(V_i-V_{min})/V_{min}\right]/N\right\}\times 100\%$,其中 V_i 表示第 i 次实验得到的结果,V_{min} 表示 N 次实验中的最小实验结果

6.1.3.4 结果分析

1) 几组实验

（1）实验 1。根据调度模型在 MATLAB 中编写 MILP 算法，并用 YALMIP 工具箱中的 GUROBI 6.0 求解器求解。容易得出：随着任务量的增大，MILP 算法的计算时间呈指数增长趋势，而且当任务量大于 8 时，短时间内不能求出精确解。用遗传算法再次求解上述各问题，并将两种算法求出的运输时间和所用计算时间记入表 6.2。不难发现，两种算法给出的调度方案的运输时间相差不大，但随着问题规模的扩大，遗传算法的计算时间改变很小，但是 MILP 算法的计算时间却在飞速增长。由于自动化集装箱码头任务量通常较大，且对实时性要求较高，因此，遗传算法更适合用于求解多载 AGV 调度问题。

表 6.2　MILP 算法与遗传算法结果对比

求解策略	统计类别	任 务 量						
		5 个	7 个	8 个	9 个	10 个	12 个	16 个
MILP 算法	运输时间	1 313	1 984	2 067	2 292	2 520	3 097	4 787
	计算时间	0.09	2.57	23.37	184.13	361.31	521.04	607.01
遗传算法	运输时间	1 313	1 984	2 067	2 292	2 520	3 097	4 787
	计算时间	13.11	13.76	13.52	13.23	13.67	13.84	14.80

（2）实验 2。将遗传算法的交叉概率和变异概率分别取 0.1，0.2，…，0.9，并将它们一一配对，生成 81 种不同的组合；分别将这 81 对交叉概率与变异概率的组合作为遗传算法的交叉概率和变异概率进行运算；为增加可信度，每组实验重复进行 5 次，取最优结果作为每组实验的结果。令 $z(i, j) = 100\,000/T(i, j)$，其中 $T(i, j)$ 为每组实验的实验结果，然后做出如图 6.5 所示的关于 z 的等高线示意图。利用遗传算法求出的运输时间越短，越符合码头方面的需要，因此图 6.5 中的等高线示意图就相当于每对组合的优先性示意图。不难发现，$r_c = 0.7$，$r_m = 0.3$ 组合和 $r_c = 0.7$，$r_m = 0.5$ 组合的优越性明显高于其他组合，因为变异概率一般较小，所以该遗传算法的最优交叉概率和最优变异概率分别取 $r_c = 0.7$，$r_m = 0.3$。

（3）实验 3。分别在不同任务量下进行实验，并对比单载 AGV 与多载 AGV 完成相应运输任务所需的时间，见图 6.6 和表 6.3。显然，除了任务量为 5 个的情况，多载 AGV 都能在更短的时间内完成给定运输任务。

（4）实验 4。设定遗传算法的交叉概率与变异概率为最佳组合，即 $r_c = 0.7$，$r_m = 0.3$，并且令 $n_{gen} = 200$，然后用一批任务量为 50 个的运输任务重复实验 50 次，并分析这 50 组实验结果。可以得出：用多载 AGV 完成该批运输任务的最短运输时间为 16 502 s，并且遗传算法所给方案的平均误差率为

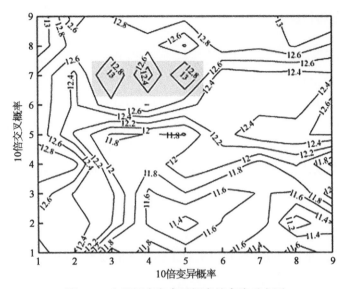

图 6.5　交叉概率和变异概率等高线示意图

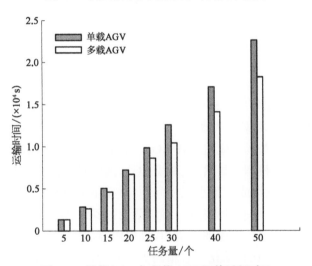

图 6.6　单载 AGV 与多载 AGV 运输时间对比

表 6.3　运输时间对比

运输工具	任　务　量							
	5 个	10 个	15 个	20 个	25 个	30 个	40 个	50 个
单载 AGV	1 313	2 729	5 043	7 159	9 763	12 431	16 924	22 553
多载 AGV	1 313	2 520	4 457	6 579	8 678	10 309	14 148	18 234

$$D_{ev} = \frac{1}{50} \sum_{i=1}^{50} \frac{V_i - V_{min}}{V_{min}} \times 100\% \qquad (6.17)$$

容易得出 $D_{ev} = 6.21\%$，显然该误差率相对较小。因此，利用遗传算法求出的多载

AGV 调度方案值得信赖。

2）实验结论

通过上述 4 组实验，容易得出如下结论：

（1）该自动化集装箱码头上的多载 AGV 调度问题是 NP 难问题。对小规模问题，可以利用 YALMIP 工具箱中的 GUROBI 求解器得出精确解，但中大规模问题已经超出精确算法的计算适用范围，只能用遗传算法等智能算法求出近似最优解。

（2）用遗传算法求出的结果与交叉概率和变异概率的赋值有关，如果交叉概率 r_c 和变异概率 r_m 赋值不当，调度结果的可靠性将受到影响。多次重复实验，得出该遗传算法交叉概率与变异概率的最优组合为 $r_c=0.7$，$r_m=0.3$。

（3）通过实验 3 中的多载 AGV 与单载 AGV 的运输时间对比可以看出，多载 AGV 的效率更高，更能满足自动化集装箱码头对工作效率的要求，且在码头运作中小箱越多，越能发挥出多载 AGV 的作用。

（4）重复实验 50 次，并分析利用遗传算法求出的运输时间和平均误差率，可以得出：对小规模问题，遗传算法可以给出接近于精确解的调度方案，对于中大规模的问题，遗传算法可以给出稳定的近似最优调度方案。

6.1.4 案例总结

为进一步提升自动化集装箱码头的作业效率，减轻码头吞吐量增大带来的交通负担，降低 AGV 的空载率，本案例从增大 AGV 的运输能力，减少投入运输的 AGV 的数量入手，提出在自动化集装箱码头应用多载 AGV 的构想，并给出多载 AGV 调度问题的混合整数线性规划（MILP）模型。显然，该多载 AGV 调度问题属于 NP 难问题，MILP 算法只能用来验证模型的正确性或求解小规模问题，对于中大规模的调度问题，需要用遗传算法等智能算法求解。进行多组实验后，得出结论：多载 AGV 的应用能够提升自动化集装箱码头的作业效率，减轻交通拥堵负担，且遗传算法能够快速给出可信度高的多载 AGV 调度方案。实际上，在自动化集装箱码头，每次参与运输的 AGV 数量对调度也有一定影响，而文中缺乏对该影响的考虑，因此，多载 AGV 的配置问题需要进一步研究。

6.2 机场航班流量优化调度

6.2.1 问题提出

随着空中交通需求的增加，繁忙的大型机场成了空中交通网络的主要瓶颈。需求的不断增加和有限的机场容量之间的矛盾，导致机场交通堵塞和航班延误的问题出现，且愈演愈烈，这给航空公司和乘客都带来了很大不便。

如何利用有限的机场资源减轻机场的拥堵，减少航班的延误，在最近 20 年来得到各国研究机构和空中交通管理部门的广泛研究。Volpe National Transportation Systems Centre 开发了能够支持交通管理人员进行决策的 Collaborative Decision Making(CDM) 程序,通过 STL 机场的实验已经证明了其实用性。在国内,清华大学 CMS 工程研究中心与民航华北空中交通管理局合作研发了空中交通指挥检测(ATCCMS)系统图,搭建了一个集成化综合信息平台。本案例在前人研究的基础上,将一种全新的建模工具引入对机场终端区的模型描述中,所建立的 Peitr 网模型不但能清晰地描述各操作流程,而且运行规则也支持数学计算,是在该领域中的成功尝试,必能取得很好的效果。

6.2.2　模型建立

本案例考虑的机场终端区包括机场附近的空中走廊口和跑道系统。在建模过程中,将机场跑道和走廊口两部分看成一个统一的资源系统。通过对跑道和走廊口的容量分析,对通过的航班流量进化控制和优化,达到减少延误、节约成本的目的。

6.2.2.1　机场到达和出发容量

机场的容量主要受跑道容量的限制,但不同的天气条件下机场的容量不尽相同。机场的调度中,在天气情况好、可见度高的情况下,一般采用目视飞行规则(VFR),机场的容量相对较大。在天气较差、能见度低的情况下,采用仪表飞行规则(IFR),机场的容量相对较低。同时机场容量还受滑行道及停机位因素的限制,相对跑道来讲,这些因素影响不大,本案例暂且不考虑这些因素,只简单地把机场容量等同于跑道容量。

每个机场由于其跑道的数目及构型的不同,机场容量也存在差异。根据某机场跑道的构型,得出如图 6.7 所示容量图。本案例认为机场的到达和出发容量是相互关联的,这种关联关系可用一组"到达-出发"曲线来表示,如图 6.7。当机场出现拥挤时,交通管

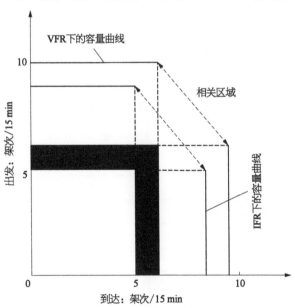

图 6.7　不同天气条件下的机场容量曲线

理人员可依据容量曲线来确定其调配方案。

目前也有很多机场空管人员根据具体时段的需求随机改变机场的到达和出发容量，但是大多都是凭直觉决定，可能不是最好的决策。根据存在的曲线关联关系，将可供选择的最佳决策列于表6.4中。

表6.4　分配方案的选择

VFR 容量		IFR 容量	
到　达	出　发	到　达	出　发
6	10	5	9
7	9	6	8
8	8	7	7
9	6	8	5

6.2.2.2　机场终端区的 Prtri 网模型

建立的单机场、单跑道机场终端区 Petri 网模型如图 6.8 所示，模型中相关的库所及变迁的含义见表 6.5。

图 6.8 是单跑道机场终端区的扩展 Petri 网模型，其中 P_0，P_1，P_2 中的托肯分别表示跑道可用、管制员放行许可、有一架航班请求进入空中走廊入口。P_3、P_8 上的 K 表示它们最多可容纳的托肯，即出入口走廊的容量。抑制弧上的 W 表示权值，只有当输入库所中的托肯数小于 W 时，相应的变迁才能激发。其他没有特别说明的库所则默认其容量为 ∞。有向弧默认权值为 1。

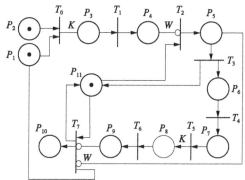

图 6.8　单跑道机场终端区 Petri 网图模型

表6.5　图中各符号代表的含义

库　　所	含　　义	变　　迁	作　　用
P_0	跑道状态	T_0	航班进入走廊
P_1	管制许可	T_1	请求进近
P_2	航班请求进入走廊口	T_2	请求进入跑道
P_3	走廊入口排队	T_3	进港作业完成
P_4	进近航班	T_4	进入机坪作业
P_5	进近着陆	T_5	作业完成、进入排队
P_6	停机位分配	T_6	进入出口走廊

续　表

库　　所	含　　义	变　迁	作　　用
P_7	机场地面作业	T_7	飞机起飞、释放跑道
P_8	地面等待		
P_9	起飞		
P_{10}	航路入口		

　　该 Petri 网图模型表示机场终端区各部分的逻辑关系。首先有一架飞机请求进入空中走廊入口,根据变迁使能的条件可知,若变迁 T_0 发生后,P_3 中的托肯数大于其容量,则变迁不能发生,否则,经过管制许可,航班进入走廊队列 P_3,某一时段该走廊中的一定数量的航班进入 P_4 等待着陆,抑制弧上的权值表示为该机场的到达容量。当跑道可用时 T_2 激发,P_0 中的托肯移走,某一时段有不大于机场到达容量的航班可以降落,航班着陆后释放跑道。航班在机场经过停机位分配以及一系列的地面保障作业之后进入 P_8 等待起飞。在该时段能起飞的航班进入 P_9,当跑道可用,且没有飞机降落,在管制许可下飞机起飞,但实际流量不能超出机场的出发容量。

6.2.2.3　实例分析

　　为了对某国际机场的航班进离港进行分析,对上述模型做如下改进,各库所及变迁的含义和作用同表 6.5。某国际机场有 3 个出入走廊和 2 条平行跑道(图中 P_0 用 2 个托肯表示 2 条跑道可用)。一般情况下,一条跑道主要用于起飞,另外一条跑道主要用于着陆。但本案例中对两条跑道同等看待,都可同时用于起飞和降落,如图 6.9 所示。

　　该模型中增加的几个库所 DA_1,DA_2,DA_3 分别为请求进入走廊 A_1,A_2,A_3 的航班队列。D_1,D_2,D_3 分别为出发走廊口。一般机场的调度方式是让飞机在地面等待,对离港航班的控制是只要走廊口仍拥挤,航班暂不起飞,在地面等待,直到满足起飞条件后再起飞,根据需要进入不同的走廊。

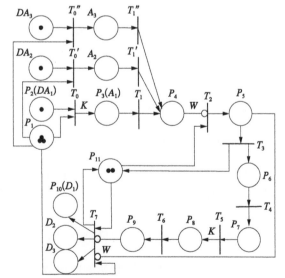

图 6.9　某机场终端区 Petri 网图模型

1) 模型分析

　　定义一组参数:

　　T 为需要考察的时间,它被分割成长度为 15 min 的 N 段不连续时间段 $I = \{1, 2, \cdots, N\}$,代表一组时间间隔。

$J = \{1, 2, 3\}$ 为走廊口集合。

$C_{arri}^J, D_{arri}^J, Q_{arri}^J, F_{arri}^J, i \in I, j \in J$，分别表示在第 i 个时间间隔内第 j 个到达走廊口的容量、需求、队列和流量。

C_{arri} 和 C_{depi} 分别代表在第 i 个时间间隔内跑道的到达和处罚容量，$i \in I$。

$Q_{arri}, F_{arri}, Q_{depi}, F_{depi}$ 分别代表整个机场系统在第 j 段时间内的到达和出发过程的队列和流量。

将第 I 段时间看成一个整体，根据 Petri 网运行规则，可得到如下公式：

T_0, T_0', T_0'' 使能后，在第 i 段时间，各走廊口的输入为 D_{arri-1}，输出为 F_{arri-1}，所以在空中走廊的航班数为

$$M(A_i^J) = Q_{arri}^J = Q_{arri-1}^J + D_{arri-1}^J - F_{arri-1}^J, i \in I, j \in J \tag{6.18}$$

即第 i 段时间开始走廊口的队列应该是在第 $i-1$ 段时间开始的走廊口的 $5L$ 列（原来的标识数）加上前一段时间助初始需求（输入）再减去前一段时间内的实际流量（输出）。

T_1, T_1', T_1'' 使能：

$$M(P_4) = F_{arri} = \sum_{j=1}^{3} F_{arri}^J, i \in I, j \in J \tag{6.19}$$

T_2 使能的条件是

$$M(P_4) = F_{arri} \leqslant W(P_4 \to T_2) = C_{arri} \tag{6.20}$$

同理，对于出发的航班有

$$M(P_8) = Q_{depi} = Q_{depi-1} + D_{depi-1} - F_{depi-1} \tag{6.21}$$

$$M(P_9) = F_{depi} \leqslant W(P_9 \to T_7) = C_{depi} \tag{6.22}$$

且从 P_5 到 T_7 的抑制弧表明了到达优先权。

定义一系数 $\alpha = F_{arri}/(F_{arri} + F_{depi})$，$\alpha$ 表示着陆的优先度，$0 \leqslant \alpha \leqslant 1$。

2）目标函数的确立

对一个机场到达和出发过程的控制的最终目的是希望在每段时间内机场的流量都尽可能大，使机场到达和出发的延误航班队列尽可能小。由此构成一个目标函数：

$$Q_d = \min\left\{\sum_{i=1}^{N+1} Q_{Ai} + \sum_{i=1}^{N+1} Q_{Di}\right\} \tag{6.23}$$

式中　　Q_{Ai}——第 i 段时间到达的航班数；

　　　　Q_{Di}——第 i 段时间出发延误的航班数。

但是现实系统的局限性，使得航班的延误仍会存在，我们的目标还要求一旦出现延误，要尽量使延误造成的损失最小。考虑到航班的空中等待和地面等待给航空公司带来的损失是不一样的，通常认为航班的空中延误造成的单位时间成本损失较大，且存在很

大的风险。由于具体的延误成本由很多因素决定,难以给出一个确切的数值,可对到达航班和出发航班的延误人为加上一个不同的惩罚系数 C_a 和 C_g ,通常 $C_a > C_g$,由此得到模型的另一个目标函数:

$$C_d = \min\left\{C_a \sum_{i=1}^{N+1} Q_{Ai} + C_g \sum_{i=1}^{N+1} Q_{Di}\right\} \tag{6.24}$$

上式两边同除以 C_g ,得到

$$C_d' = \min\left\{C_a/C_g \sum_{i=1}^{N+1} Q_{Ai} + \sum_{i=1}^{N+1} Q_{Di}\right\} \tag{6.25}$$

6.2.3　模型求解与分析

6.2.3.1　数据仿真

对该机场某一天交通需求分布最密集的 4 个小时的 116 架到达航班和 100 架出发航班数据(图 6.10)进行分析。在 VFR 条件下,到达和出发相关时,机场的最大到达容量(主要考虑跑道)为 9 架次/15 min,最大出发容量为 10 架次/15 min。如图 6.10 为其"出发-到达"曲线图。各到达走廊口在各时刻的容量均为 10 架次/15 min,各出发走廊口在各时刻的容量均为 7 架次/15 min。在到达和出发不相关的情况下,最大到达容量和最大出发容量均为 7 架次/15 min,各走廊口的容量不变。

各个时刻的航班数据反映在坐标图上,如图 6.10 所示,图中的黑点表示"到达-出发"航班数据点。注意到有很多黑点落在了曲线之外。这说明在某一时间段出发成到达的航班需求超过了那一时段机场的出发和到达的容量,造成机场的拥堵和航班的延误。

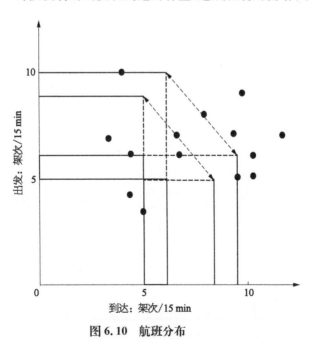

图 6.10　航班分布

根据上述 Petri 网模型对以上航班数据进行分析,在计算时先假定初始时刻各走廊口的等待队列为 0。为便于对比,表 6.6 列出了 4 种情况下的计算结果,分别是相关容量分配起飞优先表($\alpha=0.3$),相关容量分配着陆起飞同等优先($\alpha=0.5$),相关容量分配着陆优先($\alpha=0.7$)和固定容量分配 4 种方案。另外在仿真时取 $C_a/C_g=20$。计算结果见表 6.7(以 VFR 规则为据)。在 IFR 规则下,机场的容量相对较小一些。如图 6.7 所示,走廊口的容量基本不变,计算方法同上。这里不再详细列出。

表 6.6　模型各方案结果比较

相 关 性		到达延误/架次	出发延误/架次	Q_d/架次	C_d'
相关	$\alpha=0.3$	36	0	36	720
	$\alpha=0.5$	17	9	26	349
	$\alpha=0.7$	10	24	34	224
不相关		144	11	155	2 891

表 6.7　模型仿真结果

时间段序号	总到达,总出发	机场容量/架次(到达,出发)			流量/架次(到达,出发)			延误/架次(到达,出发)		
		$\alpha=0.3$	$\alpha=0.5$	$\alpha=0.7$	$\alpha=0.3$	$\alpha=0.5$	$\alpha=0.7$	$\alpha=0.3$	$\alpha=0.5$	$\alpha=0.7$
1	(10, 9)	(7, 9)	(8, 8)	(9, 6)	(7, 9)	(8, 8)	(9, 6)	(3, 0)	(2, 1)	(1, 3)
2	(7, 7)	(8, 8)	(8, 8)	(8, 8)	(8, 7)	(8, 8)	(8, 8)	(2, 0)	(1, 0)	(0, 2)
3	(10, 6)	(9, 6)	(9, 6)	(9, 6)	(9, 6)	(9, 6)	(9, 6)	(2, 0)		(1, 2)
4	(9, 7)	(8, 8)	(9, 6)	(9, 6)	(8, 7)	(9, 6)	(9, 6)	(4, 0)	(2, 1)	(1, 3)
5	(9, 7)	(8, 8)	(9, 6)	(9, 6)	(8, 7)	(9, 6)	(9, 6)	(5, 0)	(2, 2)	(1, 4)
6	(10, 5)	(9, 6)	(9, 6)	(9, 6)	(9, 5)	(9, 6)	(9, 6)	(6, 0)	(3, 1)	(2, 3)
7	(8, 8)	(9, 6)	(9, 6)	(9, 6)	(8, 6)	(9, 6)	(9, 6)	(6, 0)	(2, 3)	(1, 5)
8	(4, 6)	(9, 6)	(6, 10)	(6, 10)	(9, 6)	(6, 9)	(5, 10)	(1, 0)	(0, 0)	(0, 1)
9	(9, 5)	(9, 6)	(9, 6)	(9, 6)	(9, 5)	(9, 5)	(9, 5)	(1, 0)	(0, 0)	(0, 0)
10	(12, 7)	(8, 8)	(9, 6)	(9, 6)	(8, 7)	(9, 6)	(9, 6)	(5, 0)	(3, 1)	(3, 1)
11	(3, 7)	(8, 8)	(8, 8)	(6, 10)	(8, 7)	(6, 8)	(6, 8)	(0, 0)	(0, 0)	(0, 0)
12	(5, 3)	(8, 8)	(8, 8)	(6, 10)	(5, 3)	(5, 3)	(5, 3)	(0, 0)	(0, 0)	(0, 0)
13	(4, 10)	(6, 10)	(6, 10)	(6, 10)	(4, 10)	(4, 10)	(4, 10)	(0, 0)	(0, 0)	(0, 0)
14	(4, 4)	(8, 8)	(8, 8)	(6, 10)	(4, 4)	(4, 4)	(4, 4)	(0, 0)	(0, 0)	(0, 0)
15	(5, 3)	(8, 8)	(8, 8)	(6, 10)	(5, 3)	(5, 3)	(5, 3)	(0, 0)	(0, 0)	(0, 0)
16	(7, 6)	(8, 8)	(8, 8)	(8, 8)	(7, 6)	(7, 6)	(7, 6)	(0, 0)	(0, 0)	(0, 0)
合计	(116, 100)				(116, 100)	(116, 100)	(116, 100)	(34, 0)	(17, 9)	(10, 24)

6.2.3.2　结果分析

在相同的天气条件下,采用相同的飞行规则时,机场的容量是固定的。但如果分别按到达和出发两过程无关和相关来解决到达航班的流量问题,其延误情况大不相同,如图 6.11 所示。通过对比可以发现,采用到达和出发相关,动态分配机场容量能够使延误情况得到极大的改善。

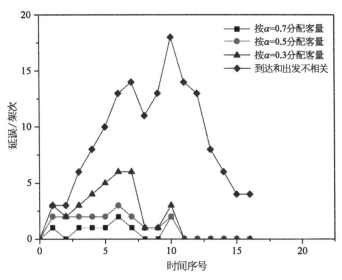

图 6.11　总到达航班延误对比

通过表 6.6 和图 6.11 的比较结果可以看出,在按相关处理的过程中,决策者可根据参数 α 的调整来把握整个机场系统总的流量分配。从表 6.7 到达和出发相关时可以看出,如果 $\alpha=0.3$,机场总的航班延误架次为 36 架,惩罚值为 720;$\alpha=0.7$ 时,总的延误架次为 34 架,惩罚值为 224;$\alpha=0.5$ 时,总的延误架次最少,为 24 架,但其惩罚值为 349。综合考虑尽量减少航班延误架次及由航班延误造成的损失,就应该选择 $\alpha=0.7$ 的分配方案。以上对比分析再次验证了引入抑制弧后的 Petri 网模型的实效性。

6.2.4　案例总结

本案例所建立的 Petri 网模型具有很大的灵活性,它可以在一段时间内,对机场的到达和出发过程进行协调控制,采用到达和出发相关的方法对机场容量进行动态分配,可更充分地利用机场的有限资源,同时达到减少延误的目的。但模型中对各项操作的时间没有考虑进去,也没有考虑停机位分配以及地面保障作业等可能造成能造成的延误。下一步准备引入时序 Petri 网优化该模型使其更具备实用性。

6.3 蚁群算法求解混合流水车间分批调度

6.3.1 问题提出

混合流水车间调度问题（hybrid flow shop scheduling problem，HFSSP）也称柔性流水车间调度问题（flexible flow shop scheduling problem），是流水车间调度问题和并行机调度问题的结合。混合流水车间分批调度问题是混合流水车间调度问题的扩展，在考虑工件分批生产的 HFSSP 时，不但要将工件分割为适当的多个批次，还要为各批次选取适当的加工设备和排序方案，从而使调度方案尽可能满足所需的性能指标。该问题比传统的 HFSSP 更加复杂，也更接近实际生产。因此，该问题的研究具有重要的理论价值和现实意义。

目前，HFSSP 的求解思路主要有整体法（integrated approaches）和分层法（hierarchical approaches）。分层法是将 HFSSP 分为多个子问题并分别求解的一类方法。整体法是同时求解各个子问题的方法。本案例研究一个集成批量计划和混合流水车间调度的问题。采用单个模型描述整个集成问题，并将问题的求解过程分为产品分批、设备指派和批次排序三个相互关联的阶段，设计蚁群算法（ant colony optimization，ACO）对每个阶段进行优化，使得所有产品的最大完工时间（makespan）最小。

6.3.2 模型建立

6.3.2.1 问题描述

加工系统有 M 台设备和 X 种产品，每种产品由所有同一类型的工件组成，所有工件均按照相同的工艺路径加工，每道工序可以在多台不同设备上加工，加工时间随设备性能的不同而变化。同一设备上加工两个不同批次时需要一定的换批时间，换批时间和批次的加工顺序相关。

本案例的调度模型给出如下假设：① 在零时刻所有工件均可被加工；② 任一工件只有在前一道工序完成后方能进入下一道工序；③ 工件的工序加工时间和加工设备相关；④ 不同批次的换批时间与批次的加工顺序相关，设备的调整时间和工件的搬运时间被考虑到换批时间中；⑤ 每台设备任意时刻最多只能加工一个工件；⑥ 属于不同批次工件的工序之间没有先后约束；⑦ 属于同一批次的工件一旦进行加工就不能中断，设备必须加工完该批次的全部工件后，才能加工另一批次。

6.3.2.2 数学模型

为描述方便，下面给出模型中用到的数学符号的意义：

J_x 表示第 x 种产品 $(x=1, 2, \cdots, X)$，X 为产品类型总数；

$J_{x,p}$ 表示 J_x 的第 p 道工序 $(p=1, 2, \cdots, P)$，P 为总工序数；

$J_{x,p,k}$ 表示 $J_{x,p}$ 的第 k 个工件($k=1, 2, \cdots, \mathrm{sum}(J_x)$),$\mathrm{sum}(J_x)$ 为 J_x 的工件数;

$M_{x,p}$ 表示可以加工 $J_{x,p}$ 的设备总数;

$M_{p,m}$ 表示制造系统中第 p 道工序的第 m 台设备($m=1, 2, \cdots, M_p$),M_p 为第 p 道工序的所有可用设备;

$L_{x,p,n}$ 表示 $J_{x,p}$ 的第 n 个批次($n=1, 2, \cdots, N_x$),其中 N_x 为第 x 种工件划分的批次总数;

$W(L_{x,p,n}, M_{p,m})$ 表示 0-1 变量,1 表示 $L_{x,p,n}$ 在 $M_{p,m}$ 上加工;

$Sum(L_{x,p,n})$ 表示 $L_{x,p,n}$ 包含的工件数量;

$ST(L_{x,p,n})$ 表示 $L_{x,p,n}$ 的加工开始时间;

$FT(L_{x,p,n})$ 表示 $L_{x,p,n}$ 的加工完成时间;

$PT(L_{x,p,n})$ 表示 $L_{x,p,n}$ 的加工时间;

$TU_{xp,m}$ 表示 J_x 的单个工件在设备 $M_{p,m}$ 上的加工时间;

$\mathrm{Set}\, x_1, x_2$ 表示从 Jx_1 切换到 Jx_2 的加工准备时间,若 x_2 为起始工件,则 $x_1=0$ 且 $\mathrm{Set}_0, x_2=0$;

M 表示批次间的偏序关系,如果 L_{x_1,p,n_1} 在制造系统上的加工顺序先于 L_{x_2,p,n_2} 且没有其他批次加工,则有

$$M(L_{x_1,p,n_1}, L_{x_2,p,n_2})=1$$

目标函数:

$$F=\min(\max(FT(L_{x,p,n}))) \quad (x=1, \cdots, X, p=1, \cdots, P, n=1, \cdots, N_x) \tag{6.26}$$

$$\text{s. t.} \sum_{n=1}^{N_x} \mathrm{Sum}(L_{x,p,n})=\mathrm{Sum}(J_x) \quad (x=1, \cdots, X, p=1, \cdots, P, n=1, \cdots, N_x) \tag{6.27}$$

$$\left.\begin{aligned} &PT(L_{x,p,n})=TU_{x,p,n}\times \mathrm{Sum}(L_{x,p,n}) \quad (x=1, \cdots, X, p=1, \cdots, P, n=1, \cdots, N_x)\\ &M=\{M_{x,p} \mid W(L_{x,p,n}, M_{p,m})=1\} \end{aligned}\right\} \tag{6.28}$$

$$\left.\begin{aligned} &FT(L_{x,p,n})=\mathrm{Set}_{x_1,x}+ST(L_{x,p,n})+PT(L_{x,p,n}),\\ &x=1, \cdots, X, p=1, \cdots, P, n=1, \cdots, N_x,\\ &x_1=\{J_x \mid <W(L_{x_1,p,n_1}, L_{x,p,n})=1\},\\ &n_1=1, \cdots, N_{x_1} \end{aligned}\right\} \tag{6.29}$$

$$\left.\begin{aligned} &ST(L_{x,p,n})\geqslant \max(FT(L_{x_1,p,n_1}), FT(L_{x,p-1,n})),\\ &x=1, \cdots, X, p=1, \cdots, P, n=1, \cdots, N_x,\\ &x_1=\{J_x \mid <W(L_{x_1,p,n_1}, L_{x,p,n})=1\},\\ &n_1=1, \cdots, N_{x_1} \end{aligned}\right\} \tag{6.30}$$

$$\sum_{m \in M_{x,p}} W(L_{x,p,n}, M_{p,m}) = 1,$$
$$x = 1, \cdots, X, \; p = 1, \cdots, P, \; n = 1, \cdots, N_x \quad (6.31)$$

$$\sum_{n_1 \in \Phi(J_{n_1})} \mathrm{Sum}(L_{x,p,n_1}) \geqslant \sum_{n_1 \in \Phi(J_{n_2})} \mathrm{Sum}(L_{x,p+1,n_2}),$$
$$x = 1, \cdots, X, \; p = 1, \cdots, P-1,$$
$$\Phi(J_{n_1}) = \{N_x \mid FT(L_{x,p,n}) \leqslant T\},$$
$$\Phi(J_{n_2}) = \{N_x \mid FT(L_{x,p+1,n}) \leqslant T\},$$
$$n = 1, \cdots, N_x \quad (6.32)$$

上几式中,式(6.26)表示调度目标为最小化最大完工时间;式(6.27)表示加工数量约束,即对每种产品进行分批,各批次包含的工件的数量之和等于产品包含的工件数量;式(6.28)表示批次的加工时间等于单个工件的加工时间和批次包含的工件数量之积;式(6.29)表示批次的完成时间等于批次的换批时间、加工时间和开始加工时间之和;式(6.30)表示批次的开始加工时间不早于同一设备上的前一批次和同一批次的前道工序完成时间的最大值;式(6.31)表示设备占用约束,即同一批次的所有工件只能在同一台设备上加工;式(6.32)表示批次约束关系,若某时刻 $J_{x,p}$ 的所有完成批次数量和为 Q,则 $J_{x,p+1}$ 在该时刻所有完成批次的数量和应不大于 Q。

6.3.2.3 分批策略

在车间的分批调度问题中,批量大小和生产周期存在 U 型关系,批量过大或过小都不利于提高车间的运行效率。当批量过小时,批次的数量增加,问题的搜索空间也会相应增大,影响搜索结果,且批次数量的增大会导致换批频繁;当批量过大时,较大的批量占有当前设备,会使后续设备处于闲置等待状态。

适当的批量分割方法能在不明显影响搜索效率的情况下有效减少设备的空闲等待时间,提高生产效率,缩短周期。本案例借鉴批量大小动态结合的思想,提出一种柔性批量分割方法。批量分割时,将同一产品根据其包含的工件数量划分为多个任务,每个任务包含若干个工件,以每个任务作为一个子批量。在排序过程中,把相邻的属于同一产品的任务合并为一个批次。例如:三类产品 A,B,C,每类产品各含 20 个工件,假定以 5 个工件为一个任务,属于各产品的任务分别记为 A,B 和 C,若初始排序为 $BBAABBCAACCC$,其批次数量为 12,经过动态结合后的排序为 $B^2A^2B^2CA^2C^3$,批次数量为 6。

6.3.2.4 混合流水车间分批调度的蚁群算法

蚁群算法模拟蚁群寻找通往食物源最短路径的信息交换机制,被广泛用来解决组合优化问题。图 6.12 所示为本案例的调度过程图,参照分层法将分批调度过程分为产品分批、设备指派和批次排序三个阶段,并设计蚁群算法进行优化。算法采用三层嵌套结构运行：第一级（产品分批层）蚁群算法为产生分批方案的分批算法，第二级（设备指派层）和第三级（批次排序层）蚁群算法组成混合流水车间调度算法，它以分批的结果为调度对象，通过两层嵌套的形式搜索当前分批结果的最优排序方案。

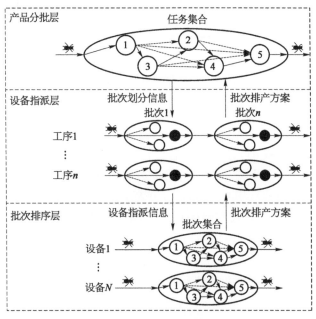

图 6.12　调度过程图

假设有两种产品，每种产品包含 4 个工件且需要经历 2 道加工工序，每道加工工序有 2 台设备可以加工，记为 $\{1, 2, 3, 4\}$。选定 2 个工件为一个任务，则所有产品可分为 4 个任务，分别为 $\{1_1, 1_2, 2_1, 2_2\}$，其中"1_2"表示产品 1 的第 2 个任务。若经过产品分批层蚁群算法搜索到的序列为 $\{1_1, 2_1, 2_2, 1_2\}$，合并"2_1"和"2_2"得到的分批方案为 $\{1_1^2, 2_1^4, 1_2^2\}$，其中"2_1^4"表示产品 2 的第 1 个批次，工件数量为 4；设备指派层蚁群算法以分批结果为输入，搜索批次的设备指派方案，若搜索得到 $\{1_1^2, 2_1^4, 1_2^2\}$ 三个批次的设备指派序列为 $\{1, 2, 1; 3, 4, 4\}$（左边表示工序 1 的设备指派方案，右边表示工序 2 的设备指派方案），则可以确定各设备的加工批次为 $\{1: 1_1^2, 1_2^2; 2: 2_1^4; 3: 1_1^2; 4: 2_1^4, 1_2^2\}$；批次排序层蚁群算法以各设备的加工批次结果为输入搜索设备上的批次排序方案，若搜索到的批次排序序列为 $\{2, 1; 1; 1; 1, 2\}$（用分号区分不同设备的批次排序方案），则可以确定各设备的批次加工方案为 $\{1: 1_2^2, 1_1^2; 2: 2_1^4; 3: 1_1^2; 4: 2_1^4, 1_2^2\}$，其排产甘特图如图 6.13 所示。

1）算法过程

算法运行前设定的参数包括：蚁群算法中的蚂蚁数 Q_{a1}，Q_{a2} 和 Q_{a3}；信息素挥发系数 ρ_1, ρ_2 和 ρ_3；循环计数器 q，蚂蚁个数计数器 r_1, r_2 和 r_3，循环次数 Q；最优路径 $C_{\max}^{\text{best}}$ 等。之后进入如下步骤。

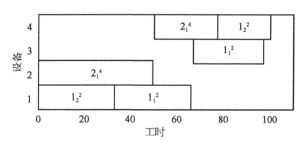

图 6.13 蚁群算法排产甘特图

步骤 1：生成初始任务序列。

根据产品 $J_x(x=1, 2, \cdots, X)$ 中任务包含的工件数将其划分为若干任务 $R_i(i=1, 2, \cdots, N)$，生成一只蚂蚁 a_1，并随机选定一个任务（如 R_i）作为首个游历的节点。设已游历任务计数器 $s_1=1$，蚂蚁 a_1 的第 s_1 步可以游历的任务集合为 $W_{a1}(s_1)=\{R_1, R_2, \cdots, R_N\}-\text{tabua1}(s_1)$，其中 $\text{tabual}(s_1)$ 表示蚂蚁 a_1 第 s_1 步已游历的工件集合。蚂蚁 a_1 在第 s_1 步根据状态转移规则从 $W_{a1}(s_1)$ 中选取节点，并使 $s_1=s_1+1$。重复节点选取过程直到 $s_1=N$，即蚂蚁遍历所有任务节点，得到任务序列。设蚂蚁个数计数器 $r_1=r_1+1$。

步骤 2：生成批次序列并对批次进行调度。

批次序列的生产过程参考分批策略，批次调度分为设备指派和批次排序两个阶段，过程如下：

步骤 2.1 指派初始工序设备。初始化各设备的可用能力 $C_k(k=1, \cdots, M)$，为工序 $p(p=1, \cdots, P)$ 生成一只蚂蚁 $a_2(p)$。设已游历批次计数器 $s_2=0$，蚂蚁第 s_2 步从设备集合为 $M_{x,p}$ 中选取设备，并使 $s_2=s_2+1$，更新设备能力信息 $C_k=C_k-\text{PT}(L_{x,p,n})$，$L_{x,p,n}$ 表示第 s_2 步对应的批次节点，$W(L_{x,p,n}, M_{p,k})=1$。重复设备选取过程直到 $s_2=\sum L_{x,p,n}$，即蚂蚁遍历所有批次节点，得到最终的设备指派方案。设蚂蚁个数计数器 $r_2=r_2+1$。

步骤 2.2 对各设备进行批次排序。根据步骤 2.1 的设备指派方案，统计各设备需要加工的批次。批次排序过程如下：

步骤 2.2.1 生成设备的初始批次序列。初始化工序计数器 p（令 $p=1$），为设备集 M_p 中每一台设备 m 生成一只蚂蚁 $a_3(m)$，并根据设备 m 上批次转移规则确定批次序列（过程参考步骤 1）。

步骤 2.2.2 序列解码，得到蚂蚁 $a_3(m)$ 游历所得序列的调度结果。解码过程如下：

(1) 若为初始工序（$p=1$），则初始化 $C_{\max 3}$，令 $C_{\max 3}=0$，否则转(2)。

(2) 从设备集 M_p 中取出设备 k，由式(6.28)~式(6.30)计算设备 k 上所有批次 $(L_{x,p,n} \in \{W(L_{x,p,n}, M_{p,k})=1\})$ 的加工开始时间 $ST(L_{x,p,n})$ 和加工完成时间 $FT(L_x, p, n)$，更新设备集 $M_p=M_p \backslash k$。

(3) 若 $C_{\max 3} < FT(L_{x,p,n})$，则更新 $C_{\max 3}$，即 $C_{\max 3}=FT(L_{x,p,n})$，转(4)，否则直接转(4)。

（4）若 $M_p = \Phi$，则转入步骤 2.2.3，否则返回（2）。

步骤 2.2.3　判断 $p < P$ 是否成立，成立则 $p = p + 1$，转步骤 2.2.1；否则判断 $r_3 < Q_{a3}$ 是否成立，成立则 $p = 1$，转入步骤 2.2.1，否则转下一步。

步骤 2.2.4　若连续 5 次搜索结果 $C_{\max}^{local3}$ 无变化，则转步骤 2.2.3；否则转下一步。

步骤 2.2.5　更新蚁群算法的信息素浓度。若 $C_{\max}^{best} < C_{\max}^{local3}$，则 $C_{\max}^{best} = C_{\max}^{local3}$，更新最优调度方案。信息素更新的方法为：首先对信息素作挥发处理，公式为 $\tau_{n,\,i(q+1)} = \rho \cdot \tau_{n,\,i(q)}$。再对本次循环中取得最短完工时间的那只蚂蚁游历的路径增加信息素，公式为 $\tau_{n,\,ia3(\min)} = \tau_{n,\,ia3(\min)} + \Delta\tau_{n,\,ibest}$，其中 $a3(\min)$ 为取得最短路径的蚂蚁，$\Delta\tau_{n,\,ibest} = 1/C_{\max}^{best}$。转步骤 2.2.1。

步骤 2.3　获取搜索到的调度结果。蚂蚁 $a_2(p)$ 搜索到的路径为 $C_{\max2} = C_{\max}^{local3}$，并更新调度方案。若 $r_2 < Q_{a2}$，则转步骤 2.1，否则转下一步。

步骤 2.4　若连续 5 次搜索结果 $C_{\max}^{local2}$ 无变化，则转步骤 3，否则转下一步。

步骤 2.5　更新信息素浓度。若 $C_{\max}^{best} < C_{\max}^{local2}$，则 $C_{\max}^{best} = C_{\max}^{local2}$，更新最优调度方案。信息素更新的方法参考步骤 2.2.5。转步骤 2.1。

步骤 3：获取搜索到的调度结果。蚂蚁 a_1 搜索到的路径为 $C_{\max1} = C_{\max}^{local2}$，并更新调度方案。判断 $r_1 < Q_{a1}$ 是否成立，是则转步骤 1，否则转下一步。

步骤 4：更新搜索到的局部最优值 $C_{\max}^{local1}$。若 $q > Q$，则算法结束，否则转下一步。

步骤 5：更新信息素浓度。若 $C_{\max}^{best} < C_{\max}^{local1}$，则 $C_{\max}^{best} = C_{\max}^{local1}$，更新最优调度方案，信息素更新的方法参考步骤 2.2.5。转步骤 1。

2) 蚁群状态转移规则

在产品分批阶段，蚂蚁在构建解的过程中采用伪随机比例的状态转移规则来选择下一步要加工的任务：q_1 为初始时刻设定的参数，且 $0 \leqslant q_1 \leqslant 1$；$q$ 为一个随机数，$q \in [0, 1]$。若 $q \leqslant q_1$，则根据 $\max\limits_{i \in W^a 1(n)} \{(\tau_{n,\,i}^{\mathrm{I},\,a_1})^\alpha \cdot (\eta_{n,\,i}^{\mathrm{I},\,a_1})^\beta\}$ 选择下一个节点；若 $q_1 > q$，则按照式（6.33）计算节点选择概率。

$$P_{n,\,i}^{\mathrm{I},\,a_1} = \frac{(\tau_{n,\,i}^{\mathrm{I},\,a_1})^\alpha \cdot (\eta_{n,\,i}^{\mathrm{I},\,a_1})^\beta}{\sum\limits_{i \in W^a 1(n)} [(\tau_{n,\,i}^{\mathrm{I},\,a_1})^\alpha \cdot (\eta_{n,\,i}^{\mathrm{I},\,a_1})^\beta]} \tag{6.33}$$

式中　$\tau_{n,\,i}^{\mathrm{I},\,a_1}$——任务 $(n,\,i)$ 间的信息素水平；

$\eta_{n,\,i}^{\mathrm{I},\,a_1} = 1 \Big/ \big\{\big[\sum\limits_{p=1}^{P} \mathrm{Set}_{J(n),\,J(i)} + \max\limits_{p \in P}(PT(R_i),\,PT(R_n))\big]\big\}$。

在设备指派阶段，每个蚂蚁 $a_2(p)$ 的状态转移概率为

$$P_{k(n),\,k(i)}^{\mathrm{II},\,a_2(p)} = \frac{(\tau_{k(n),\,k(i)}^{\mathrm{II},\,a_2(p)})^\alpha \cdot (\eta_{k(n),\,k(i)}^{\mathrm{II},\,a_2(p)})^\beta}{\sum\limits_{i \in M_p} \{(\tau_{k(n),\,k(i)}^{\mathrm{II},\,a_2(p)})^\alpha \cdot (\eta_{k(n),\,k(i)}^{\mathrm{II},\,a_2(p)})^\beta\}} \tag{6.34}$$

式中 $\tau_{k(n),k(i)}^{\mathbb{II},a_2(p)}$——批次$(n,i)$所选设备的信息素水平；

$\eta_{k(n),k(i)}^{\mathbb{II},a_2(p)}=C_k/PT(L_{x,p,i})$，$L_{x,p,i}$表示批次节点$i$。

在批次排序阶段，每个蚂蚁$a_3(m)$的状态转移概率为

$$P_{n,i}^{\mathbb{III},a_3(m)}=\frac{(\tau_{n,i}^{\mathbb{III},a_3(m)})^\alpha \cdot (\eta_{n,i}^{\mathbb{III},a_3(m)})^\beta}{\sum_{M^{a_3(m)}(n)}\{(\tau_{n,i}^{\mathbb{III},a_3(m)})^\alpha \cdot (\eta_{n,i}^{\mathbb{III},a_3(m)})^\beta\}} \tag{6.35}$$

式中 $\tau_{n,i}^{\mathbb{III},a_3(m)}$——批次$(n,i)$间的信息素水平；

$\tau_{n,i}^{\mathbb{III},a_3(m)}=1/(\sum_{p=1}^{P}\text{Set}_{J(n),J(i)}+FT(L_{J(i),p-1,i})+PT(L_{J(i),p,i}))$，$J(n)$和$J(i)$分别表示批$n$和$i$的产品种类。

6.3.3 模型求解

鉴于国内外尚无相同的混合流水车间分批调度问题的标准算例，为验证本案例算法的性能，下面设计了针对混合流水车间的算例，验证分批算法的优越性，之后用另一个算例验证混合流水车间调度算法的优越性，最后针对企业的实际数据进行仿真实验。算法运行环境为 Core2E8400CPU(2.8 GHz)，2 G 内存，Windows XP 操作系统，并采用 C♯ 语言编程。

6.3.3.1 仿真试验 1

表 6.8 所示为仿真试验的测试算例，对表中仿真试验 1 的算例，以 2 个工件为一个任务，分别采用蚁群算法和遗传算法进行验算，用本案例第二级和第三级的蚁群算法模拟退火(Simulated Annealing, SA)算法，求解批次的调度方案。图 6.14 和图 6.15 所示为两种分批算法的甘特图，图中数字代表产品种类和子批批次，如"3,2"表示第 3 种产品的第 2 个批次，黑色部分表示换批时间。蚁群算法将所有产品分为 16 个批次，分别为 4(2，2，2，2)，4(2，2，2，2)，4(2，2，2，2)和 4(2，2，2，2)，所得生产周期为 413；遗传算法将所有产品分为 16 个批次，分别为 4(1，3，2，2)，4(2，2，2，2)，4(1，3，3，1)和 4(3，2，2，1)，所得生产周期为 492。从图中可以看出，蚁群算法能根据设备的加工能力合理安排批量的大小，求出的结果在设备利用率和设备的负载均衡方面均优于遗传算法，即在相同的批次数量下，本案例提出的蚁群算法更能提高设备利用率，缩短生产周期。

表 6.8 仿真实验测试案例

参　数	仿真实验 1	仿真实验 2
产品种类/工件数	4	6，30，100
工序数	4	2，4，8
每道工序并行机数量	$U[2,4]$	$U[1,5]$

参　　数	仿真实验 1	仿真实验 2
设备加工时间	$U[20, 30]$	$U[20, 30]$
换批时间(不同产品)	$U[5, 7.5]$	$U[12, 24]$
换批时间(同种产品)	$U[1, 3]$	$U[3, 5]$
产品包含的工件数	8	

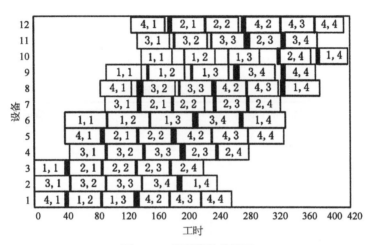

图 6.14　蚁群算法甘特图

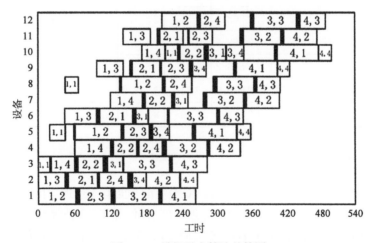

图 6.15　模拟退火算法甘特图

6.3.3.2　仿真试验 2

为验证混合流水车间调度算法的优越性,采用以下算例进行验算。仿真试验测试算例见表 6.8,对表中仿真实验 2 的算例用蚁群算法(ACO)、遗传算法(GA)和模拟退火算法(SA)分别运行 10 次,得到计算时间的平均值及计算结果的平均值(avg)和最优值

(min)。求解结果见表 6.9。表中实验组以工件数和工序数表示,如"6×2"表示 6 个工件,每个工件要经过 2 道工序。分析可知,对于所有算例,ACO 在计算时间上均优于其他两种算法,且计算时间的优势随着问题规模的增大越来越明显。从计算结果来看,ACO 对所有算例的求解结果的平均值和最优值均优于其他两种算法,SA 的求解结果优于 GA。对比 ACO 和次优的 SA,定义 ACO 相对于 SA 的改进率 $\delta = (SA_{avg} - ACO_{avg})/ACO_{avg}$,描述 ACO 相对于 SA 求解结果的改进程度,工件数量分别为 $6(6×2,6×4,6×8)$,$30(30×2,30×4,30×8)$ 和 $100(100×2,100×4,100×8)$ 时,对于不同工序数,ACO 相对于 SA 的改进率平均值分别为 0.4%,0.78% 和 1.04%;同理,当工序数量分别为 $2(6×2,30×2,100×2)$,$4(6×4,30×4,100×4)$ 和 $8(6×8,30×8,100×8)$ 时,不同工件数 ACO 相对于 SA 求解结果的平均改进程度分别为 0.57%,0.68% 和 0.97%。可见随着问题规模的增加,蚁群算法的优化效果越来越明显。

表 6.9　算法对比分析

实验组	最大完工时间/min						计算时间/ms		
	ACO		GA		SA		ACO	GA	SA
	最小值	平均值	最小值	平均值	最小值	平均值			
6×2	249	249.8	249	250.4	249	250.2	223.5	348.6	236.7
30×2	1 138	1 160.8	1 152	1 181.7	1 143	1 170.5	2 232.7	2 984.2	2 346.7
100×2	3 786	3 818.6	3 812	3 870.5	3 792	3 845.6	18 217.2	20 365.3	19 231.5
6×4	589	590.6	589	592.3	589	593.6	578.9	732.1	657.8
30×4	2 306	2 341.2	2 321	2 362.6	2 312	2 354.6	8 032.5	9 536.8	8 973.2
100×4	7 769	7 815.6	7 786	7 882.5	7 771	7 891.7	80 326.5	88 567.3	82 364.5
6×8	835	838.6	841	845.2	839	843.1	1 752.6	1 936.8	1 854.2
30×8	2 705	2 748.6	2 712	2 776.5	2 716	2 773.9	32 461.7	34 136.2	33 286.4
100×8	7 982	8 040.6	8 026	8 173.6	7 995	8 156.9	372 136.5	393 642.8	396 284.6

6.3.3.3　实例仿真

某印刷电路板(printed circuit board,PCB)装配车间有 4 个加工区间[表面贴装技术(surface mounted technology,SMT)贴片加工区、插件加工区、补焊加工区和测试区]共 9 条生产线,分别为 $3(S_1,S_2,S_3)$,$2(M_1,M_2)$,$2(A_1,A_2)$ 和 $2(T_1,T_2)$。某一时段加工 5 种 PCB 板,每种 PCB 板的数量均为 1 000。每个 PCB 均要经过这 4 个加工区。PCB 的加工时间和加工准备时间见表 6.10、表 6.11。

分别采用本案例的 ACO、遗传-模拟退火算法(GA - SA),以及由本案例第二级和第三级蚁群算法组成的不分批的蚁群算法(ant colony algorithm without lot streaming,ACOWLS),对以上实际算例进行求解,求解结果见表 6.12。分析可知,采用分批调度的方法可以明显缩短生产周期,提高设备利用率。ACO 和 GA - SA 均以 100 个 PCB 为最小的分批单元,ACO 将 PCB 分为{10,10,9,7,7}共 43 个批次,GA-SA 将 PCB 分为{10,7,9,6,9}共 41 个批次,可见在未明显提高批次数量的情况下,蚁群算法能搜索到更优的结果。

表 6.10　各条生产线的加工时间

PCB	S_1	S_2	S_3	M_1	M_2	A_1	A_2	T_1	T_2
1	0.923	0.923	0.882	0.60	1.50	0.60	0.40	0.60	0.40
2	1.428	0.923	1.200	0.40	0.30	0.60	0.30	0.60	0.55
3	1	1.428	1	0.40	0.24	0.60	0.30	0.55	0.50
4	1	1	1	0.06	0.24	0.75	0.60	0.55	0.50
5	1	1	0.600	0.06	1.50	0.75	0.75	0.40	0.55

表 6.11　不同批次 PCB 的换批时间

PCB	1	2	3	4	5
1	1.52	7.85	13.34	13.01	12.52
2	5.03	1.38	10.12	5.85	14.34
3	8.02	9.95	1.28	5.97	11.62
4	10.12	10.88	10.79	1.56	10.36
5	6.54	12.98	6.34	14.63	1.23

表 6.12　算法求解结果对比

算法	求解结果	批次数量	平均设备利用率/%
ACO	1 542.68	43	93.5
GA-SA	2 153.46	41	87.6
ACOWLS	2 991.37	5	63.2

6.3.4　案例总结

本案例针对混合流水车间分批调度问题,建立了集成分批和调度的数学模型,针对分批和调度两个阶段对目标值的影响,将分批调度过程分为产品分批、设备指派和批次排序三个阶段,并设计了一种三层递阶结构的蚁群算法,分别对各阶段进行优化求解。在产品分批的蚁群算法中借鉴压缩技术,设计了一种批量大小动态结合的柔性分批策略,使得产品能够根据设备负载柔性调整批量大小。通过实例仿真,分别对分批算法和混合流水车间调度算法的性能进行比较分析和评价,结果表明了算法的有效性和优越性。最后给出企业的实际算例,其结果可行,对生产过程具有一定的指导作用。

参 考 文 献

[1] 朱清智,吴会敏.神经网络控制在工业机械臂的应用[J].自动化与仪器仪表,2014
    (12):115-116.

[2] 温祖强,钱峰.微机械陀螺温度特性及其补偿算法研究[J].电子测量技术,2011,34
    (1):51-54.

[3] 黄艺新,张九根,赵丹.改进遗传算法在变风量空调系统中的应用[J].计算机工程与
    设计,2016,37(9):2416-2420.

[4] 潘磊.建筑能量与环境系统集成优化方法研究[D].镇江:江苏大学,2017.

[5] 张培培.遗传算法在城市燃气管网优化中的应用[D].上海:同济大学,2007.

[6] 宋超,宋娟.基于遗传算法优化和BP神经网络的短期天然气负荷预测[J].工业控制
    计算机,2012,25(10):82-84.

[7] 王慧,宋宇宁.基于混合优化算法的压力传感器温度补偿[J].传感技术学报,2016,
    29(12):1864-1868.

[8] 尹胜利,吴林林,宋玮,等.基于粒子群算法的新能源集群多目标无功优化策略[J].
    华北电力技术,2017(10):31-36.

[9] 刘科研,盛万兴,贾东梨,等.基于协同进化蚁群算法的含光伏发电的配电网重构
    [J].可再生能源,2017,35(5):702-708.

[10] 曾鸣,彭丽霖,王丽华,等.主动配电网下分布式能源系统双层双阶段调度优化模型
    [J].电力自动化设备,2016,36(6):108-115.

[11] 瞿凯平,张孝顺,余涛,等.基于知识迁移Q学习算法的多能源系统联合优化调度
    [J].电力系统自动化,2017,41(15):18-25.

[12] 霍凯歌,胡志华.基于遗传算法的自动化集装箱码头多载AGV调度[J].上海海事
    大学学报,2016,37(3):7-12.

[13] 刘长有,秦瑛.基于Petri网的机场航班流量优化调度[C]//2006中国控制与决策学
    术年会论文集,2006.

[14] 宋代立,张洁.蚁群算法求解混合流水车间分批调度问题[J].计算机集成制造系统,
    2013,19(7):1640-1647.